U0159513

江苏·优秀建筑设计选编 2019

SELECTION OF EXCELLENT ARCHITECTURAL DESIGN,
JIANGSU PROVINCE. 2019

江苏省住房和城乡建设厅　主编

中国建筑工业出版社

图书在版编目（CIP）数据

江苏·优秀建筑设计选编 . 2019 = SELECTION OF
EXCELLENT ARCHITECTURAL DESIGN, JIANGSU PROVINCE.
2019 / 江苏省住房和城乡建设厅主编 . —北京：中国
建筑工业出版社，2020.8
ISBN 978-7-112-25344-9

Ⅰ. ①江… Ⅱ. ①江… Ⅲ. ①建筑设计—作品集—江
苏—现代 Ⅳ. ①TU206

中国版本图书馆 CIP 数据核字（2020）第 137336 号

责任编辑：宋　凯　张智芊
责任校对：张惠雯

江苏·优秀建筑设计选编 2019

SELECTION OF EXCELLENT ARCHITECTURAL DESIGN, JIANGSU PROVINCE. 2019

江苏省住房和城乡建设厅　主编

*

中国建筑工业出版社出版、发行（北京海淀三里河路 9 号）
各地新华书店、建筑书店经销
逸品书装设计制版
北京富诚彩色印刷有限公司印刷

*

开本：965 毫米 ×1270 毫米　1/16　印张：18½　字数：767 千字
2020 年 8 月第一版　　2020 年 8 月第一次印刷
定价：**140.00** 元
ISBN 978-7-112-25344-9
（36103）

"当我们想起任何一种重要的文明的时候，我们有一种习惯，就是用伟大的建筑来代表它。"伟大的新时代呼唤着伟大的建筑，推动时代建筑精品的塑造，不仅是时代赋予当代建筑师的使命和担当，也是我们建筑师的初心和责任。

江苏，是中华文明的发祥地之一，拥有悠久的历史和灿烂的文化。今天的江苏，至今保有大量优秀的历史建筑遗存和名人名作，是历史文化名城最多的省份。我曾经用"吴风楚韵、历久弥新；意蕴深绵、华夏中枢"来概括江苏建筑文化积淀丰厚并充满当代活力，在中国有其突出的地位。在这样深厚的文化本底上进行设计与建设，需要有更深的文化理解和更高的设计追求。

近年来，江苏围绕城乡空间品质提升和建筑文化开展了多元化探索，既有"建筑文化特质及提升策略""传统建筑营造技艺调查"等丰厚的学术调查研究成果，又有政府政策机制层面推动行业人才、时代精品以及鼓励行业创新创优多元化平台的丰富实践。2011年发布"江苏共识"提出创造时代建筑精品，2014年起每年举办"紫金奖·建筑及环境设计大赛"，2019年创新举办"江苏·建筑文化讲堂"，在适应城乡巨变的同时致力于推动丰富多彩、与时俱进的建筑设计和建筑文化发展，在全省乃至全国都获得了良好反响和认可。

新时代、新要求、新期望，建筑师们结合对社会、对时代、对城市的思考和探索，在江苏大地上创作了一批适应社会需求、体现时代精神、具有地域文化特色的精品建筑，不仅为城市经济社会建设的飞跃发展和人居环境改善提供了有力的支持，也是城市时代变迁中的新面貌、新形象、新精神的生动写照。《江苏·优秀建筑设计选编2019》收录了全省2019年年度优秀建筑设计获奖作品，以图文并茂的形式呈现，让读者在翻阅中直观感受精品建筑魅力，体会先进设计理念，感悟优秀建筑文化。

在国家新型城镇化发展的大背景下，在举国上下重新关注、热议和探讨建筑价值的今天，建筑师群体面临着前所未有的历史机遇和挑战。今年是全面建成小康社会，实现第一个百年奋斗目标的收官之年，在这具有历史意义的时间节点，本书既是一次精品梳理品读的总结思索，更是今后一段时间如何以高品质设计引领高质量建设的思想启迪。希望通过本书，让广大设计师和更多热爱建筑创作的人领略到精品建筑的独有风采，推动更多的创作创新创优，引导产生更多"留得下""记得住""可传世"的时代建筑佳作！

中国工程院院士
东南大学教授

习近平总书记指出，"建筑是富有生命的东西，是凝固的诗、立体的画、贴地的音符，是一座城市的生动面孔，也是人们的共同记忆和身份凭据。我们对待建筑的新风格、新样式要包容，但是绝不能搞那些奇奇怪怪的建筑。我们应该注意吸收传统建筑的语言，让每个城市都有自己独特的建筑个性，让中国建筑长一张'中国脸'"[1]。今天，中国已经迈入高质量发展的新时代，更加注重文化内涵和空间品质。中央提出"创新、协调、绿色、开放、共享"的五大发展理念和"适用、经济、绿色、美观"的建筑方针，围绕服务高质量发展和高品质生活，设计作为高质量建设的前提和基础，持续推动建筑设计立足本土、创新创优，有序引导设计回归"人"的需求和空间功能品质，提升空间体验、传承历史文脉、塑造风貌特色，是建设美丽宜居家园的必然选择。江苏拥有悠久的城市建设史和丰厚的文化积淀，作为中国城镇化发展较快的地区之一，江苏顺应时代需求，注重引导行业发展，致力于以一流设计引领一流建设。自 2000 年以来，江苏通过每年开展全省城乡建设系统优秀勘察设计评选，强化优秀设计的展示和交流，鼓励和引导设计师创新创优，繁荣设计创作，提升设计水平，创建精品工程。今日江苏，精品意识增强的成效日益彰显，建筑品质提升的成果可见可感，地域风貌塑造的成色愈发纯正。

本书选取 2019 年江苏省城乡建设系统优秀勘察设计评选中脱颖而出的获奖作品，涵盖公共建筑、城镇住宅和住宅小区、村镇建筑、地下建筑与人防工程、装配式建筑等类别，针对设计理念、设计难点、方案特色等内容进行解读，希望为未来的建筑设计提供参考。探索建筑设计中的传承与创新是一项永恒的课题，作为引玉之砖，本书希望通过对现有优秀作品的梳理，引发业内外人士对新时代建筑创作的广泛关注和深入思考，不断繁荣和发展建筑创作，以优秀设计引导建设方向，让今天的建设有颜值更有品质，希望未来涌现出更多体现地域特征、具有时代精神、风貌典雅的新时代精品建筑，让今天的建设成为明天的文化景观。

---

1 摘自 2016 年 10 月 14 日《人民日报》24 版《习近平总书记的文学情缘》。

公共建筑

城镇住宅和住宅小区

村镇建筑

地下建筑与人防工程

装配式建筑

2019

江苏·优秀建筑
设计选编

公共建筑
Public Buildings

江广智慧城 C、F、K 地块研发办公楼

R&D Office Buildings in Plot C, F, K of Jiangguang Smart City

设 计 单 位：东南大学建筑设计研究院有限公司
建 设 地 点：江苏扬州
用 地 面 积：110111m^2
建 筑 面 积：457863m^2
设 计 时 间：2013.02
竣 工 时 间：2019.08
获 奖 信 息：一等奖
设 计 团 队：曹 伟　张 航　沙晓冬　杨 云　雷雪松
　　　　　　吉英雷　梁沙河　赵 元　罗振宁　龚德建
　　　　　　章敏婕　韩治成　狄蓉蓉　史海山　闫 凌

设计简介

项目位于扬州广陵新城东侧门户入口区，新城主轴线文昌东路南侧，自京杭运河引入两条水系成为基地的重要特色。受扬州传统城市空间格局启发，建筑贴合用地边界，以内部开敞空间为核心，体现了中国传统空间的延续。园区形成外紧内松、外高内低的多层次生态院落空间，同时强调建筑与水景、环境之间的视线关系，打造因地制宜的生态院落。设计利用场地现有南北两条水系，北侧为科技文化水街，南侧为商业观光水街，建筑自水边层叠渐高，错落有致，与水景融合，和谐共生。简洁的建筑形体和清晰高效的空间组织表达出建筑在节制和内敛之中蕴含的能量。建筑的技术细节服务于建筑的形体策略，幕墙以多种折线加错动为形态特征，将遮阳、照明、通风等功能藏于线条之中。

项目整体鸟瞰

北侧沿河人视

1. 办公
2. 值班室
3. 消防控制室
4. 休息室
5. 空调机房
6. 服务间
7. 会议门厅
8. E2研发办公门厅
9. 机械非机动车停车位300辆

F地块一层平面图

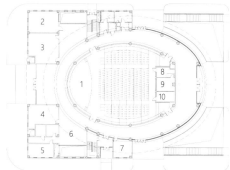

1. 300人报告厅
2. 空调机房
3. 会议室
4. 休息接待
5. 配电间
6. 休息边庭
7. 值班
8. 声控室
9. 放映室
10. 光控室

F地块会议中心一层平面图

南侧水街人视

科技园 AC 地块沿北侧水街人视

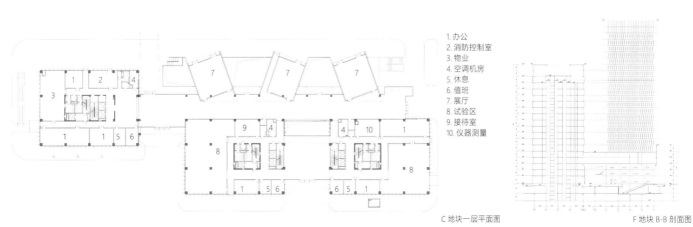

1. 办公
2. 消防控制室
3. 物业
4. 空调机房
5. 休息
6. 值班
7. 展厅
8. 试验区
9. 接待室
10. 仪器测量

C 地块一层平面图

F 地块 B-B 剖面图

南京涵碧楼酒店综合开发项目
Nanjing Hanbilou Hotel Comprehensive Development Project

设计单位：南京市建筑设计研究院有限责任公司
建设地点：江苏南京
用地面积：50853.99m²
建筑面积：246588.9m²
设计时间：2012.02—2018.08
竣工时间：2018.08
获奖信息：一等奖
设计团队：汪　凯　邹式汀　蓝　健　薛　景　俞永咏
　　　　　辛　锋　陈　忱　周　建　叶建农　李家佳
　　　　　宋　滔　王幸强　刘　捷　朱洪楚　韩正刚

设计简介

项目位于南京市东西向主要车流动线汉中门大街与扬子江大道交汇处，基地依偎在夹江东边堤岸的绿带区，临江而建，项目为集酒店、酒店式公寓、办公、商业为一体的综合体建筑。基地东侧为扬子江大道，北侧为规划中的汉中西路过江隧道，紧邻用地的东北角为江边绿带，周边道路交通便捷，是河西极具升值潜力的项目。项目根据地块实际形态和业主业态需求，结合江岸边独特的基地位置与城市东西向的轴线连接，创造出地标性的门户意向。方案中主体建筑群配置于轴线的延伸部分，以中国皇宫与四合院建筑轴线对称为设计原则。各建筑单体以此中轴线与户外的庭院水景互相融合，形成一系列的室内外空间，最终以一片水景与长江作视觉融合，作为设计高潮。建筑顺应地块布局，酒店设置在长江岸边，一览无遗的景观突出酒店的标志性与重要性，酒店为两栋 L 形塔楼，以屋顶花园连接，形成门户意向。办公楼坐落于基地东北角，从扬子江大道一侧呈现出办公楼的整体气势。酒店式公寓坐落于基地东南角，公寓与办公楼各环绕景观水池，与景观完美结合。商业裙楼位于基地中心位置。总平面设有三处入口，使酒店、办公和公寓之间的联系更加密切。

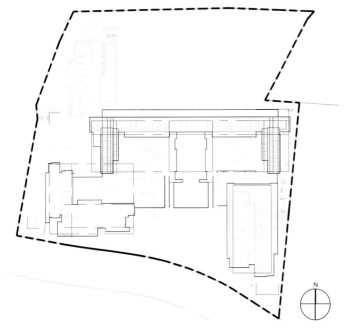

项目整体

北立面透视图

建筑内院

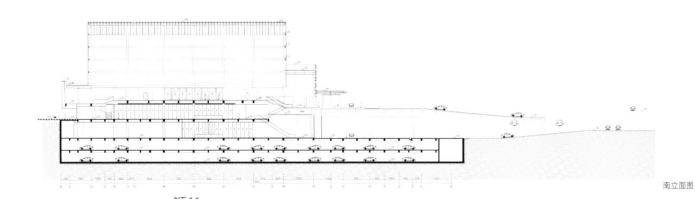

南立面图

建筑内院

建筑内院

建筑内院

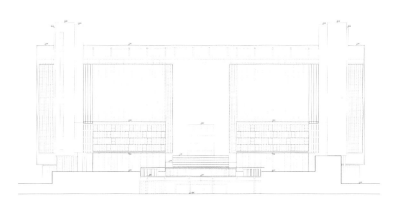

酒店北立面

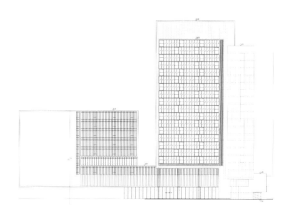

酒店西立面图

杭州师范大学附属湖州鹤和小学

Huzhou Hehe Primary School Affiliated to HZNU

设 计 单 位：苏州九城都市建筑设计有限公司
建 设 地 点：浙江湖州
用 地 面 积：49672m²
建 筑 面 积：31634m²
设 计 时 间：2014.04—2015.09
竣 工 时 间：2018.06
获 奖 信 息：一等奖
设 计 团 队：张应鹏　于　凡　董霄霜　于芯嘉　谢　磊
　　　　　　沈春华　屈　磊　张　琦　姜进峰　李琦波
　　　　　　梁羽晴　薛　青　胡　鑫

设计简介

在该项目中，设计尝试打破传统教育建筑将各教学单元割裂、分置的僵化布局，通过体量叠加与空间链接等手段创造了一座立体合院式的教学"综合体"，为现代素质教育提供了更多空间上的可能性。建筑总体布局呈合院形式，分为三个主要部分：底座、空中合院、书廊。底座部分主要由餐厅、公共专业教室等一些公共性较强的空间组成，底座形成两个院子，与景观充分渗透。空中合院是校园的主要教学部分，普通教室、多功能特色教室、教师办公以及东侧的风雨操场在二、三、四层围合成一个大的合院，与底座共同组成一个空间层次丰富的立体书院。

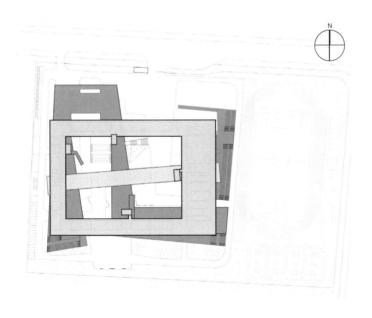

项目整体鸟瞰

中庭局部东部北侧的院落，楼梯左侧的坡道上可攀爬、圆坑内可停留休憩

东部北侧的院落中通向东侧运动广场的坡道

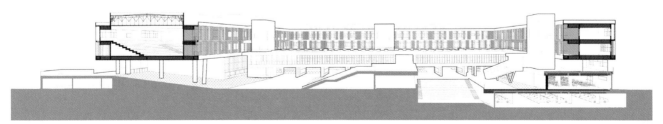

剖透视图

西部北侧院落

西部 东西两个院落

从南北连廊中的景窗向西看西侧北部的院落

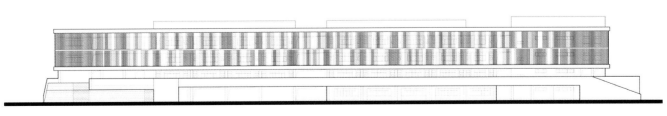

南立面图

东太湖防汛物资仓库工程
East Taihu Lake Flood Control Materials Warehouse

设计单位：启迪设计集团股份有限公司
建设地点：江苏苏州
用地面积：5475m²
建筑面积：1379.02m2
设计时间：2014.01—2014.12
竣工时间：2016.11
获奖信息：一等奖
设计团队：李少锋　陈苏琳　严怀达　王　莺　汤一凡
　　　　　洪庆尔　房以河　朱鹏祥　韩文浩　韩　坤
　　　　　袁雪芬　朱　恺　方　彪　张慧洁　吴　洁

设计简介

项目的存在意义是为了防范百年一遇的太湖水患，存放一防汛物资。东太湖边的景致宜人，滨湖风光带是游人络绎不绝的地方，这样一个仓库的出现如何避免对原有滨水景观造成破坏，是项目需要首先具备的问题。因此，设计者做了一个用来隐藏的设计，把仓库下沉到地面以下，但保证室内地平标高在太湖警戒水位线高程之上。仓库屋顶建造成斜坡状，绿植覆土由湖边草坪逐渐爬升到仓库屋顶，形成屋顶覆土绿植，自然地把仓库掩埋在环境当中。设计让仓库"消极"的被掩埋，时间让建筑"积极"的与环境共同生长。一个人为的，一个自发的，让这个仓库最终成为了环境的一部分，实现了设计天人合一的愿景。

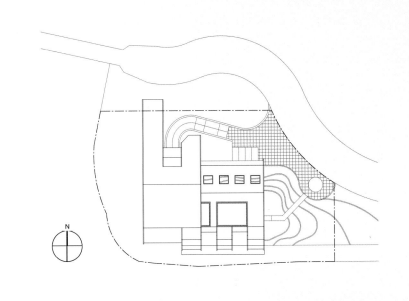

项目整体鸟瞰

南侧鸟瞰

东侧鸟瞰

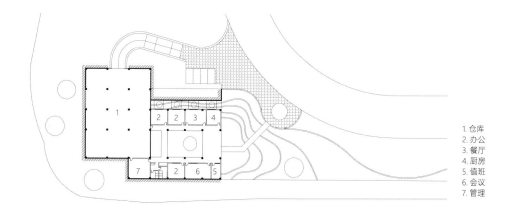

1. 仓库
2. 办公
3. 餐厅
4. 厨房
5. 值班
6. 会议
7. 管理

平面图

东侧景观

端部近观

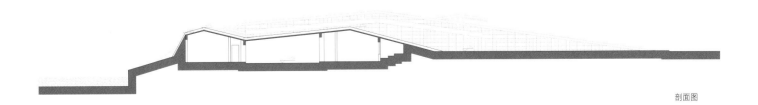

剖面图

深圳市清真寺
Shenzhen Mosque

设计单位：东南大学建筑设计研究院有限公司
建设地点：广东深圳
用地面积：6632.52m²
建筑面积：10864.92m²
设 计 时 间：2012.09—2014.05
竣 工 时 间：2017.05
获 奖 信 息：一等奖
设 计 团 队：马晓东　韩冬青　谭　亮　喻　强　胡少华
　　　　　　杨　璜　蔡志霖　关　刚　吴义列　何　洋
　　　　　　黎载生　康　贤　王刚平　吴海洋　稽陈云

设计简介

项目位于深圳市梅林路东端，南侧毗邻深圳烈士纪念碑公园，是深圳市新建的一处宗教生活场所。基于开放、创新、包容的深圳城市精神，建筑师采取了面向当代的设计策略。设计首先满足规划要求，在退让红线限定的矩形区域内，礼拜功能布置于西侧，配套管理用房居于东侧，东西结合部为敞厅，连接北侧广场和南侧的城市开放空间。建筑主体外廓呈现简洁的横向长方体，与竖向的邦克楼及顶部穹顶构成和谐整体。设计准确地判定了深圳市清真寺的礼拜方向，将原东西向的空间扭转指向礼拜方向。基于东西方向矩形外廓的约束，方向墙在平面上呈弧形墙面。标识方向的中心圣龛指向麦加正向，在剖面上呈现为球面叠涩墙面，由此形成内外统一的新型礼拜空间形态和建筑形态。设计以简练的现代建筑风格与中国现代都市环境相适应，以经典的八角形伊斯兰几何图案和色彩等修饰性元素表达伊斯兰艺术。

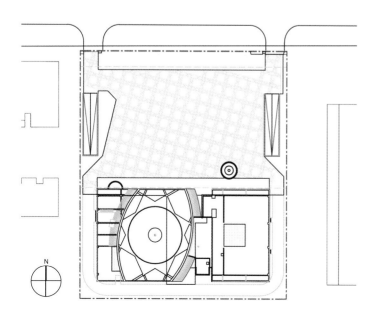

项目整体鸟瞰

建筑北广场及入口

北立面局部

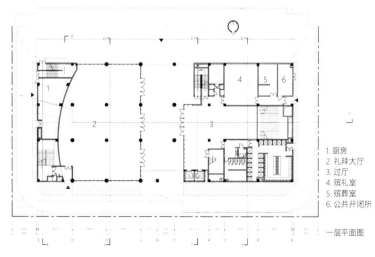

1. 厨房
2. 礼拜大厅
3. 过厅
4. 殡礼室
5. 殡葬室
6. 公共开闭所

一层平面图

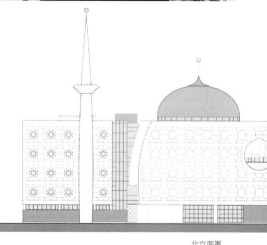

北立面图

邦克楼及广场夜景

主礼拜殿通高空间

主礼拜殿

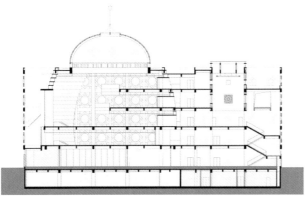

A-A 剖面图

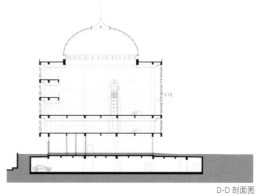

D-D 剖面图

苏州丰隆城市中心项目
Suzhou Fenglong City Center Project

设 计 单 位：启迪设计集团股份有限公司
建 设 地 点：江苏苏州
用 地 面 积：45454m²
建 筑 面 积：410000m²
设 计 时 间：2012.12—2017.12
竣 工 时 间：2018.01
获 奖 信 息：一等奖
设 计 团 队：靳建华　唐韶华　李新胜　石晓燕　苏　鹏
　　　　　　汪　泱　张　慧　张励菁　沈亚军　袁雪芬
　　　　　　赵宏康　张　杜　王海港　张　帆　祝合虎

设计简介

设计通过近 30 米南北向景观大道分区块布置 4 栋塔楼，塔楼
通过一定的扭转角度获得最大的景观朝向，最大化利用金鸡湖
的开阔视野，也为基地预留有机的生长空间。在创造合理的服
务流线提高使用效率的同时，结合底层局部架空，造型上的设
计，使高大的建筑与城市更为有机的结合在一起，保持城市整
体空间环境的和谐，丰富城市空间，净化城市第五立面。立面
设计从金鸡湖水中汲取灵感，建筑整体造型灵动，通过精致的
幕墙造型和细部的水平和垂直分隔，在林立的建筑群中显得卓
尔不群。

裙房入口

入口局部

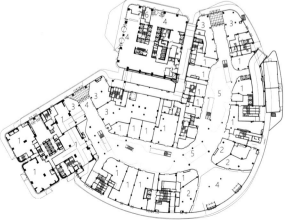

1. 商铺
2. 餐饮
3. 主力店
4. 入口大堂
5. 中庭
6. 消防控制室

一层平面图

平台局部

架空局部

商业中庭

北门二楼

中庭局部

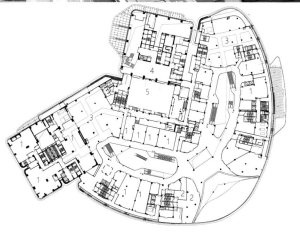

1. 商铺
2. 餐饮
3. 主力店
4. 宴会前厅
5. 宴会厅

二层平面图

淮安新城附属幼儿园、小学及初级中学

Kindergarten, Primary School and Junior High School Affiliated
to Huai'an New City

设 计 单 位：苏州九城都市建筑设计有限公司
建 设 地 点：江苏淮安
用 地 面 积：164831m²
建 筑 面 积：145974m²
设 计 时 间：2016.01—2016.12
竣 工 时 间：2017.12
获 奖 信 息：一等奖
设 计 团 队：戌朝晖　陈　泳　李其勇　许　潇　高　文
　　　　　　于　建　刘凤勤　李红星　刘兰珣　李琦波
　　　　　　梁羽晴　蔡一斌　胡　鑫　杨一超　姜进峰

设计简介

在该项目中，设计在契合现行的教育模式与技术规范条件下创造校园特色，将场地环境的特殊性和教学建筑设计的科学合理性相结合，使之既能融于未来的城市肌理，又能面向未来的教育发展。小学与初中被作为一个校园进行整体设计，相对安静与独立的普通教学楼分置两侧，中部布置共享的风雨操场、图书馆、音体教室、食堂与运动场等公共设施带，并通过东西向的"公共活动廊"、南北向的"教学师生廊"相互连通，促进校园之间的交流与互动。在节假日或平时夜晚，学校风雨操场、运动场地和音体教室等可以为周边社区服务，既不影响正常教学环境，又提高设施资源的利用率，实现开放教育、开放校园以及社校共建的社会发展需求。

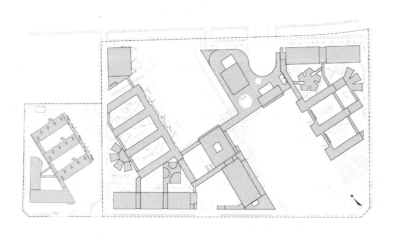

入口处自由开放的门廊

中庭围合的院落空间

中学主入口晨景

小学及文体楼立面图

门厅的树形窗影

丰富的庭院活动场景

小学食堂的二层平台视景

剖面图

南京河西新城区南部小学（4#）
Nanjing Hexi New Town Area South Primary School

设 计 单 位：南京金宸建筑设计有限公司
建 设 地 点：江苏南京
用 地 面 积：27553.90m²
建 筑 面 积：24020.00m2
设 计 时 间：2015.12—2016.07
竣 工 时 间：2017.06
获 奖 信 息：一等奖
设 计 团 队： 马　莹　高明宁　朴乔花　王海江　李　凯
　　　　　　吴　喆　颜世亮　喻存芳　李　勇　吴　勇
　　　　　　曾小梅　余　杨　刘　璇　范丽丽　蔡慎德

设计简介

项目充分利用基地现状及周边环境进行规划布局，立足南京的地域特色，努力打造一座具有现代感与人文关怀的开放小学。

单体建筑由南向北依次设置行政、教学及配套组团，并通过风雨走廊无障碍连接，功能布局及教学配置合理，分合有序，流线清晰，便于学制安排及管理。建筑内各节点处的半敞开空间和建筑间层层递进的景观院落，为学生们营造了丰富的活动、交往空间，符合小学生的行为特点，体现了寓教于乐的教育理念。立面设计通过虚实结合，搭配色彩鲜明的横向和竖向元素，与周边校舍协调的同时又具自身的文化韵味，共同形成河西南部片区的文化家园。

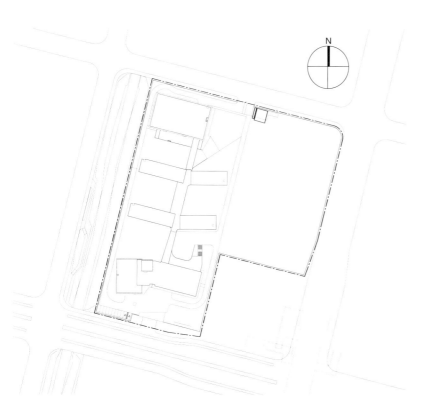

综合楼人视

校园入口

中庭局部

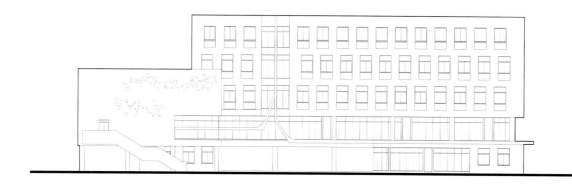

南立面图

校园局部

校园局部

教学楼局部

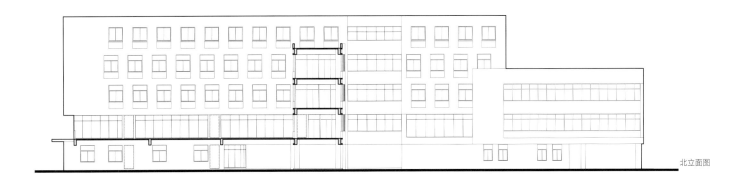

北立面图

景枫中心（凤凰港项目商业综合体）
Kingfine Center（Phoenix Harbor Commercial Complex）

设计单位：南京金宸建筑设计有限公司
建设地点：江苏南京
用地面积：178199.5m²
建筑面积：351180.91m²
设计时间：2012.10—2015.04
竣工时间：2017.12
获奖信息：一等奖
设计团队：李　青　陈跃伍　赵　婧　吕俞昕　习正飞
　　　　　张　玥　徐从荣　朱晓文　刘亚军　李　凯
　　　　　王海江　张智琛　吴　喆　颜世亮　喻存芳

设计简介

本项目设计定位为城市副中心的大型购物、休闲、娱乐、商住、办公城市综合体，包括诸多功能。基地东南部布置的商业主广场及下沉广场，作为商业区主入口序曲，创造出一个适合人们停留的、开放的、水与绿地交融的公共休憩场所。建筑内部布置一系列的商业内中庭，成为中心共享交流区域。生态型屋顶绿化将建筑和环境相结合，营造了一个舒适的绿色环境。商业部分以中庭景观意境为线索，运用轴线布局，采用点、线、面成景的方式，分割出不同功能空间，营造一个多功能、舒适、令人愉悦的商业环境。

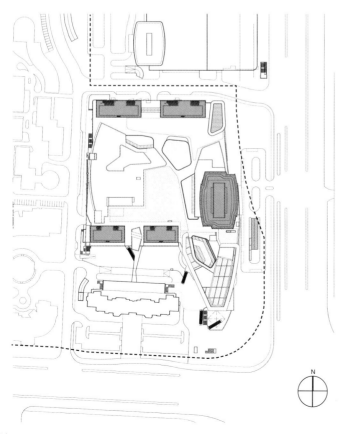

N

项目整体鸟瞰

鸟瞰效果

夜景鸟瞰

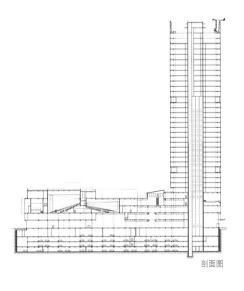

剖面图

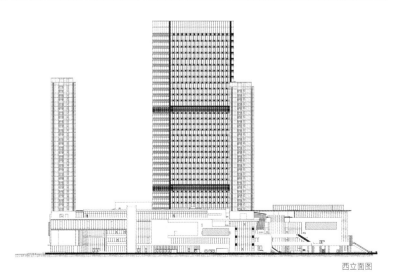

西立面图

南京大学仙林国际化校区学术交流中心
Nanjing University International Academic Exchange Center

设 计 单 位：南京大学建筑规划设计研究院有限公司
建 设 地 点：江苏南京
用 地 面 积：19800m²
建 筑 面 积：64488m²
设 计 时 间：2010.08—2011.03
竣 工 时 间：2015.07
获 奖 信 息：一等奖
设 计 团 队：傅 筱　陆 春　施 琳　干 晶　费小娟
　　　　　　王 雯　赵丽红　赵 越　肖玉全　丁玉宝
　　　　　　陈火明　施向阳　王碧通

设计简介

建筑形象追求简洁大气，并赋予其较强的纪念性，符合中华文化研究院和会议中心的建筑性格。中华文化研究院和会议中心均由大台阶缓缓而上，人们在行进过程中能够隐约感受到一种庄严的礼仪感，当进入共享大厅后，洁白的大厅顶部洒下缕缕阳光，神圣的殿堂感油然而生。而外事接待中心部分则从一层直接进入大堂，给人宾至如归的感觉，这符合其宾馆的建筑性格。

建筑外饰面主要采用深灰色和红色两种石材，深色给人稳重、宁静、高雅的感觉，红色则是中华民族的代表色之一，通过二者的精心搭配，形成独特的建筑表皮效果，并与校园已建成的建筑色彩相协调。

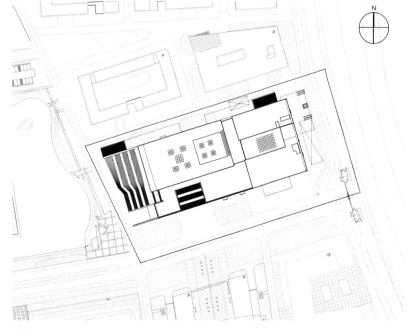

鸟瞰图

主入口透视

局部透视

局部透视

使用情况

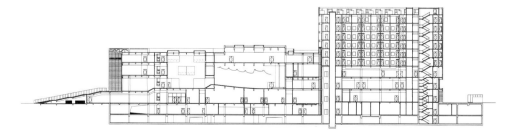

剖面图

中华文化研究院入口透视

中庭透视

中庭透视

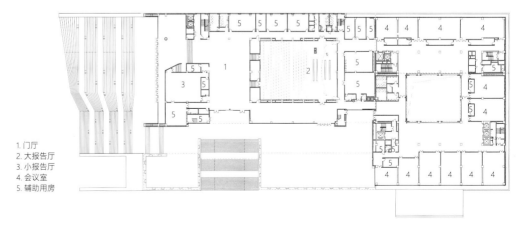

1. 门厅
2. 大报告厅
3. 小报告厅
4. 会议室
5. 辅助用房

二层平面图

苏州高新区实验初级中学东校区扩建工程

The East Campus Expansion Project of Experimental Junior
Middle School, Hi-tech District，Suzhou

设计单位：启迪设计集团股份有限公司
建设地点：江苏苏州
用地面积：16296.3m²
建筑面积：18326.5m²
设计时间：2016.03—2017.05
竣工时间：2018.06
获奖信息：一等奖
设计团队：蔟　爽　李小锋　张　颖　张筑之　方　彪
　　　　　朱　恺　陈苏琳　张　梁　叶永毅　周秀腾
　　　　　杜　丽　张广仁　陈凯旋　陆凤庆　周晓东

设计简介

本项目在原址校园中进行扩建，所面临的问题极为典型，矛盾也非常集中，空间有限，需求多样。由于场地狭小，新建功能多，无法采用传统的平面分区做法，设计选择把所有的功能糅合在一起，进行垂直向分区。新建部分包含了入口展览空间、体育馆、食堂、图书馆、艺术教室、报告厅、办公等功能。在保持原有功能位置不变情况下，利用架空等手段，将新的功能与原有功能叠置。动区主连廊架空，创造了双层活动平台。建筑体块的变化形成了丰富的屋顶活动平台。在这些平台上，包含了原有的跑道、球场等功能，还新增了室外小剧场、透明广播站、屋顶种植区等新的功能，达到了 1+1 > 2 的效果。整个新建部分，相比于传统的学校，如同一个教育综合体，有着复合的公共功能结构，超越了场地的束缚，成为了时空叠加、新旧融合的整体。

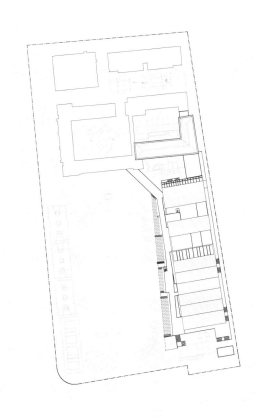

校园入口

层南北通道

西立面效果

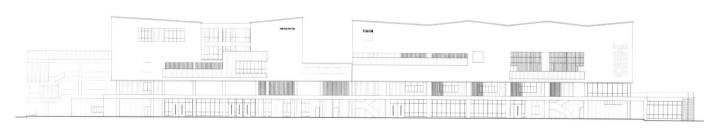

西立面图

二层南北通廊

二层活动平台

东侧人视

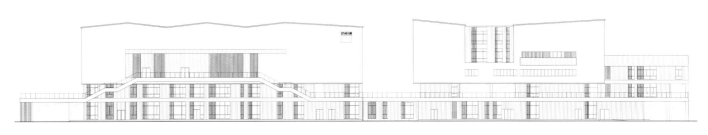

东立面图

金融小镇项目
Financial Town Project

设 计 单 位：中衡设计集团股份有限公司
建 设 地 点：江苏苏州
用 地 面 积：31737m²
建 筑 面 积：37650m²
设 计 时 间：2016.03—2016.05
竣 工 时 间：2017.11
获 奖 信 息：一等奖
设 计 团 队：冯正功 黄 琳 蓝 峰 葛松筠 俞子立
　　　　　　陈 韬 宋纪青 许 理 王 伟 周 蔚
　　　　　　顾 蓉 徐剑波 程 磊 张 渊 丁 炯

设计简介

项目秉承轻逸、灵慧的规划和设计概念，在整体的道路和脉络的规划上根据金融企业的特点提出四水归堂的整体理念，将山势与道路走势相互结合；同时遵循顺应地形、因势利导的原则，将山地整理成四个标高的台地，南部布置配套公建，北部依山布置金融小总部，弹性分布，错位布置。功能布局上，根据山势和景观资源的不同，将不同大小和类别的办公户型布置于不同的台地上，南侧布置小户型办公，北侧布置大户型办公，围绕于配套周围。交通规划上，将四水归堂的概念应用于山地的道路规划中，将景观与交通功能相结合。停车库尽量减少土地的开挖，减少对场地的破坏。在景观规划上，将四水归堂的概念贯彻到底，将四条山道形成四条景观带，形成纵向的景观轴线，而在横向穿越的道路两侧也布置多个层次的景观空间，形成横向的景观轴线，南侧配套部分布置多个景观院落相互串联，整体形成多层次多组合的景观结构。在建筑造型上，办公部分根据山地建筑的特色，将实面与玻璃幕墙的体量互相结合，形成较为明确的体量虚实对比关系，同时利用挑台强调横向线条的水平延伸，使整体造型舒展自由。配套利用石材幕墙结合金属和玻璃及细密木格栅的做法形成多个层次虚实关系的立面体系。

项目整体鸟瞰

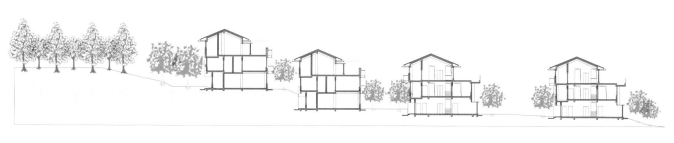

剖面图

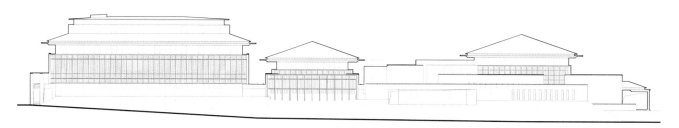

南立面图

建筑日景透视

建筑日景透视

建筑日景透视

建筑日景透视

建筑室内透视

南京外国语学校方山分校项目
Nanjing Foreign Language School Fangshan Campus

设 计 单 位：南京城镇建筑设计咨询有限公司
建 设 地 点：江苏南京
用 地 面 积：124821.3m²
建 筑 面 积：162205.26m²
设 计 时 间：2017.04—2017.10
竣 工 时 间：2018.06
获 奖 信 息：一等奖
设 计 团 队：张 奕 钱正超 谢 辉 陈腾冬 蔡令莉
王 健 肖 蔚 黄 喆 于洪泳 关丹桔
孙维斌 刘 亮 徐 艳 王 琰 国君杰

设计简介

设计从传统西方"公学"的人文精神、校园空间和场所尺度中进行提炼和还原，再现一所"当代公学"。在场所和环境定位上，尊重方山的地形地貌，营造各种不同标高的室内外非结构化学习空间，使校园不仅是知识传承的宝库，还是文学艺术的荟萃处所。在规划设计层面，充分尊重现实教学经验的基础上，合理布局不同的学部及组团、打造体验式校园空间环境和共享性学习空间，并从教学单元的可变与拓展等角度来探索面向未来的教育学习模式，培养面向未来的前瞻性国际化人才。

校园入口

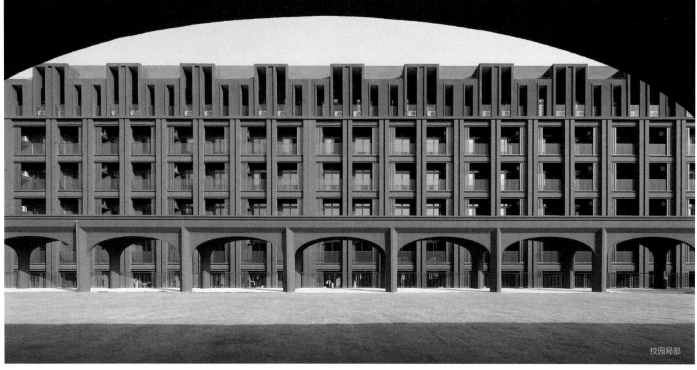

校园局部

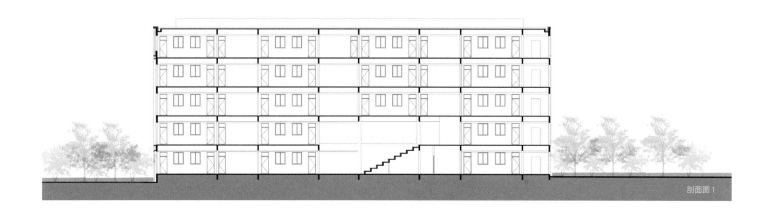

剖面图1

室内局部

室内局部

校园局部

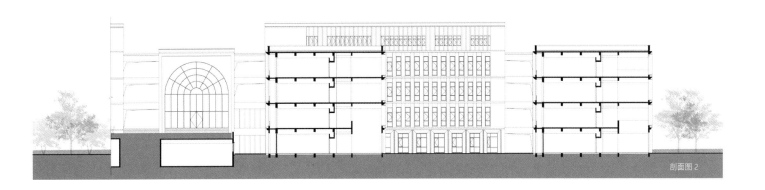

剖面图2

镇江苏宁广场
Zhenjiang Suning Square

设 计 单 位：江苏省建筑设计研究院有限公司
建 设 地 点：江苏镇江
用 地 面 积：3.36ha
建 筑 面 积：396103m²
设 计 时 间：2010.04—2011.05
竣 工 时 间：2017.12
获 奖 信 息：一等奖
设 计 团 队：徐延峰　干小敏　汪丹颖　陈　丽　张　卉
　　　　　　金如元　贾　锋　冷　斌　李　均　袁　梅
　　　　　　陈光生　李　山　蔡世捷　徐卫荣　徐　璐

设计简介

本项目位于镇江市中心，紧邻全市最繁华的商业商务中心区，是集工作、商务、资讯、休闲于一身的现代都市综合开发项目。

建筑的塑造源于自然的启发，从文化、城市、商业、绿色四方面体现"古""城""华""翠"四个设计理念。

从城市和周边环境来看，商业入口广场位于广场的东北角，高314.00米的酒店办公综合塔楼翘然屹立在尽端，西南侧为高219.40米的酒店式公寓楼。高耸的楼宇带给人们强烈的视觉冲击。从建筑功能和设计角度看，顺应城市肌理，创造连续的城市商业界面，围合的购物中庭提供宜人的步行购物空间，与周边商业形成完整的网络连接。从绿色设计方面，为城市创造动人的城市天际线及地标，打造城市中的"山林"，对提升城市品位及形象起到了重要作用。

项目整体立面

项目整体鸟瞰

商业立面

酒店入口

一层平面图

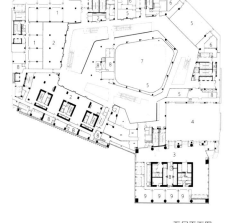

五层平面图

1. 美体中心
2. 柜架式商业
3. 宴会厅前厅
4. 宴会厅
5. 餐饮
6. 厨房
7. 溜冰场
8. 空调机房
9. 会议室

公寓入口

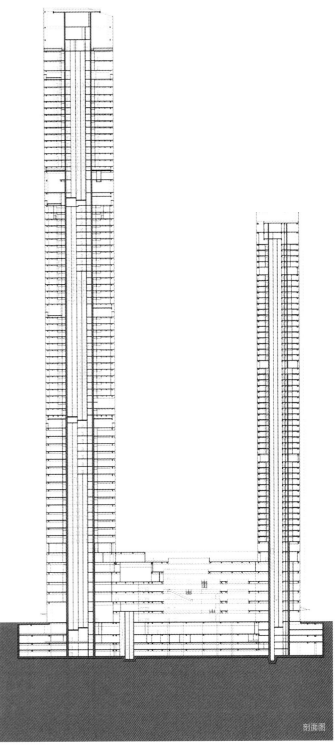

1. 酒店大堂
2. 全日制餐厅
3. 厨房
4. 大堂吧

剖面图

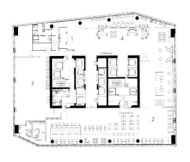

1. 酒店大堂
2. 全日制餐厅
3. 厨房
4. 大堂吧

东塔楼 57（酒店大堂及餐饮层）平面

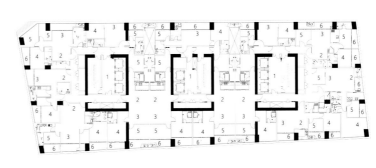

1. 合用前室
2. 餐厅
3. 客厅
4. 主卧
5. 次卧
6. 封闭阳台

西塔楼公寓平面

金雁湖社区服务中心工程
Jinyan Lake Community Service Center Project

设计单位：南京金宸建筑设计有限公司
建设地点：江苏南京
用地面积：20617.2m²
建筑面积：47082m²
设计时间：2014.08—2015.10
竣工时间：2018.06
获奖信息：一等奖
设计团队：李　青　陈跃伍　朱晓文　赵　婧　李扣栋
　　　　　宋伟伟　张　敏　习正飞　吴　喆　李　凯
　　　　　王海江　吕恒柱　张业宝　顾璐璐　潘阳德

设计简介

建筑按街道顺势布局，形成一个近L形的六层条形建筑，连续的沿街界面激活街道动力。L形建筑在基地上最大化利用场地边界，提高使用效率，达到良好的通风与采光的效果。同时获得最大化的活动场地，在西北向提供了宽阔的场地。基地内通道位于主楼和辅楼之间，入口设置在基地的东北和西南端，地库入口从基地进去后直接进入地下室，不影响基地的整体环境。各功能区域交通统筹规划设计，追求提供居民安全、便捷、优美的交通空间。

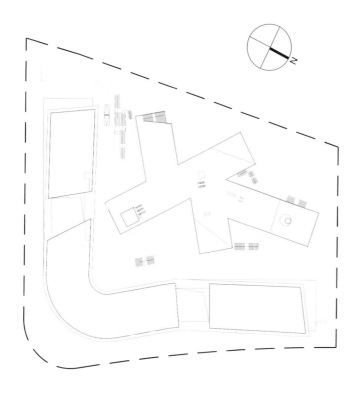

中庭局部

庭院整体鸟瞰

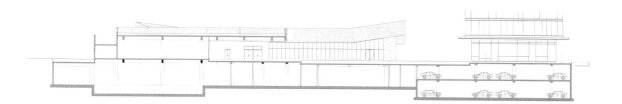

北剖面图

沿街立面

社区局部

中庭局部

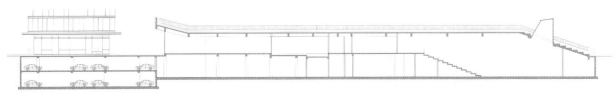

东剖面图

滨江新城休闲水街
Binjiang New Town leisure water street

设 计 单 位：江苏中锐华东建筑设计研究院有限公司
建 设 地 点：江苏靖江
用 地 面 积：27234m²
建 筑 面 积：29914m²
设 计 时 间：2016.09—2017.06
竣 工 时 间：2018.06
获 奖 信 息：一等奖
设 计 团 队：荣朝晖　孙新峰　师爵天　陆　岸　童　青
　　　　　　张　波　俞以凡　陈立力　林　晨

设计简介

项目位于新城核心区域。场地西侧是贯穿城市的景观河道，景观河向北延伸是新城的核心中央景观湖。设计将中央场地凸起，创造一种从南、北、东三个方向均是上坡漫游的方式。建筑群靠西布置，通过一个大草坡与东侧城市道路对话。沿河的点式建筑则让内街在不同的位置都有和水景对话的可能。中央的堆土让内街在各个方向都有微微向上的坡度，在顺应河道大方向的前提下建筑布置微微扭转。瓦解正交的建筑体系，让建筑之间的关系变成一个有趣的拟自然状态。这是设计一直在追求的系统产生的相对关系复杂性，也是传统街巷的最主要特征。

项目整体鸟瞰

中央广场

临水平台

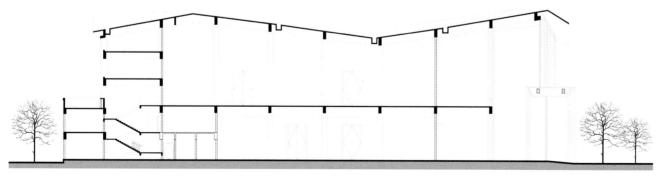

剖面1

南侧入口

巷道空间

延续的街道

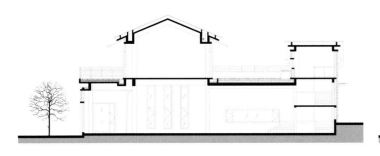

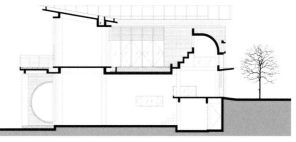

剖面 2

建屋广场 C 座

Block C, Jianwu Square

设计单位：启迪设计集团股份有限公司
建设地点：江苏苏州
用地面积：12150m²
建筑面积：76764m²
设计时间：2013.11—2014.11
竣工时间：2017.03
获奖信息：一等奖
设计团队：张稚雁　陈　凯　郝怡婷　丁正方　张　慧
　　　　　赵舒阳　蒋紫璇　袁雪芬　武川川　张　喆
　　　　　潘　磊　童　洁　祝合虎　张　哲　吴　垚

设计简介

设计通过引入周边自然景观形成多级景观系统，积极打造开放与共享的交流空间，将丰富的自然景观城市生活引入到建筑中去。高层塔楼采用的三角形建筑形态协调周边环境的同时极具特色。设计将富有苏州特色的传统街巷院引入场地中，从而形成集聚苏州韵味的特色空间；将基地周边自然景色引入建筑中，结合建筑庭园和屋面绿化形成完整的绿色体系，使建筑更加人性化。

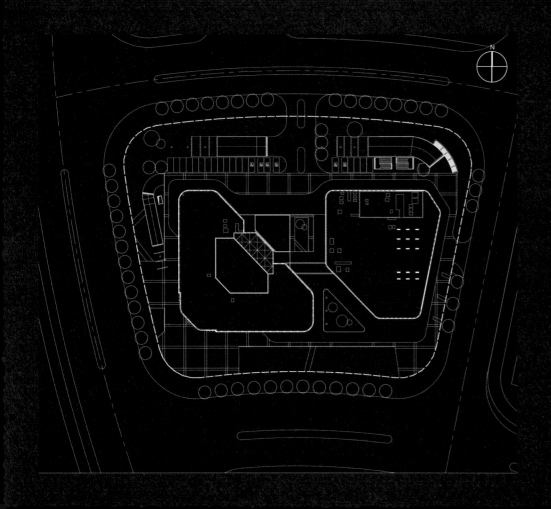

项目整体鸟瞰

厨房入口

入口局部

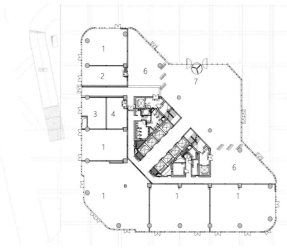

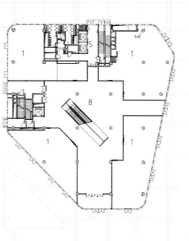

1. 商业
2. 开闭所
3. 消控室
4. 物业保安中心
5. 候梯厅
6. 休息厅
7. 入口门厅
8. 中庭

一层平面图

入口局部

入口局部

大厅局部

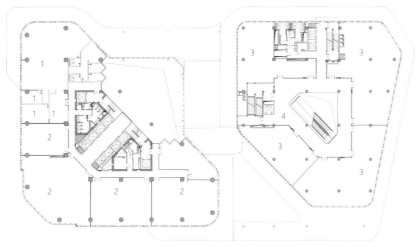

1. 物业用房
2. 会议室
3. 商业
4. 中庭

二层平面图

苏州工业园区唯康路幼儿园项目
Suzhou Industrial Park Weikang Road Kindergarten Project

设计单位：中衡设计集团股份有限公司
建设地点：江苏苏州
用地面积：5739m²
建筑面积：5848m²
设计时间：2016.08—2017.02
竣工时间：2018.04
获奖信息：一等奖
设计团队：莫　琳　慕松筠　蔡逸帆　程　旻　胡湘明
　　　　　管春时　郑郁郁　刘思尧　周　蔚　王　伟
　　　　　邵小松　符小兵　陈伟鹏　杨　鸳

设计简介

设计理念上强调游戏空间，通过不同的"游戏空间"把幼儿园的每一处活动场所组织串联起来，并在垂直中庭空间里发生变化，带来丰富多样的可玩性场所。通过对墙体开窗、开洞、挑空空间、屋顶天窗等设计运用，既满足了幼儿园使用的需要，也营造了不同形式的光影来增加内部空间的活泼氛围。强调共享的中庭空间，曲线围合的中庭创造了活泼的游戏空间，在公共的中庭可以开展人数较多的集体活动，建筑内部用丰富的连廊将不同功能串联在了一起，这些空间不仅仅发挥交通的功能，也同时赋予了游戏的概念，使得停留、交往、嬉戏、表演、展示、行走等各种富有趣味的空间属性贯穿于流线当中，真正做到趣味性和功能性的合二为一。通过中庭、垂直交通、台阶、彩色走道、停留小屋等，将理性的空间单元与异形自由的交通空间有效串联融合，使得交通系统有趣、有效。

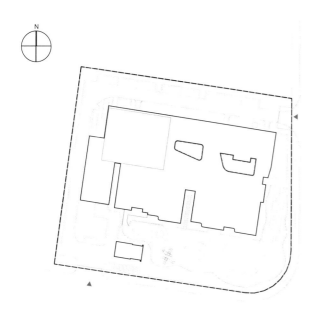

项目整体鸟瞰

沿街人视

幼儿园入口

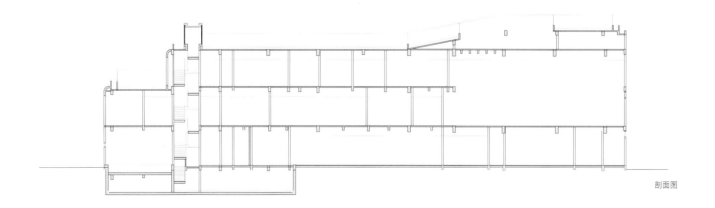

剖面图

内部中庭

建筑细节

屋顶空间

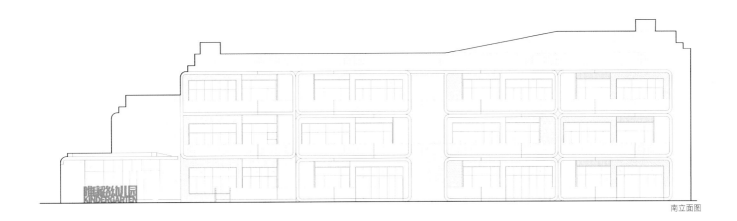
南立面图

徐州回龙窝历史街区整体项目
Xuzhou Huilongwo Historic Block Overall Project

设计单位：中衡设计集团股份有限公司

建设地点：江苏徐州

用地面积：28439m²

建筑面积：20762.17m²

设计时间：2012.08—2012.12

竣工时间：2015.11

获奖信息：一等奖

设计团队：冯正功　蓝　峰　于志洪　宋纪青　刘　恬
　　　　　管春时　丁行舟　张国良　陈　露　刘　晶
　　　　　陆学君　顾　蓉　刘亚原　吴东霖　丁　炯

设计简介

以回龙窝历史街区以及深埋地下400余年的明代古城墙为触媒，链接户部山历史片区、快哉亭公园、耶稣圣心堂以及李可染故居等周边的历史遗脉，恢复古城徐州的历史架构，关联以回龙窝地区位焦点的历史建筑通廊，是"从织补建筑到织补城市，再到织补文脉"的一次重新诠释。

以一处百年老宅为研究对象，还原属于徐州地区的建筑形制；参照地方匠人提供的手绘地图，恢复回龙窝地区特殊的"一人巷"与"二人巷"交织的传统街巷肌理；围绕保留的古树、古井，以原有巷弄空间意象与氛围来打开历史的记忆，再次述说城市的邻里故事，找回那亲切而熟悉的感动。

以古城墙遗址为线索，发掘古城墙的轨迹，铺陈关于古城墙的故事，藉由城墙的地理痕迹串接起多样的城市活动，开创具有实质及人文意义的城市文化活动新节点。

以徐州传统民居形式为母题，根据现代使用功能灵活组织院落和建筑布局，犹如自由生长的原生建筑群落，丰富街区的趣味性，保证传统街区的视觉和感官效果。

重新利用回收的砖、瓦、石、木等材料，邀请传统工匠建造，遵循传统工艺砌筑。同时兼有传统木结构形式与现代结构形式，并利用综合管沟解决水、暖、电等设备问题。形式依照传统，空间则属于现代，实现传统与现代的对话。

街巷一

永宁巷

庭院深深

鸟瞰

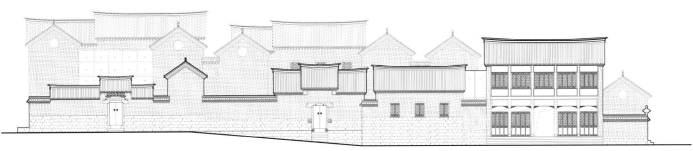

回龙窝沿街立面

南京市麒麟科技创新园麒麟小学及附属幼儿园

Chilin Primary School & Affiliated Kindergarten of Nanjing Chilin Science & Technology Park

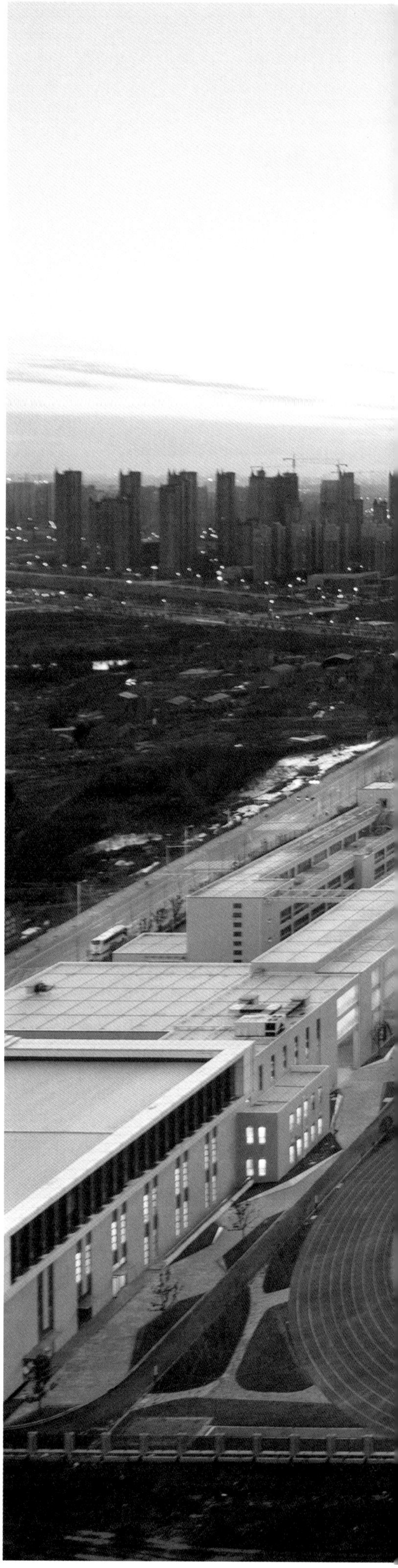

设计单位：南京大学建筑规划设计研究院有限公司

建设地点：江苏南京

用地面积：51400m²

建筑面积：58000m²

设计时间：2012.06—2015.05

竣工时间：2017.04

获奖信息：一等奖

设计团队：冯金龙　王　桢　江颖荣　刘　勤　成　茜
孙佳佳　关红玲　李　俊　李云峰　陈启龙
桑志云

设计简介

采用“两轴两院两广场”整体规划布局形式，校园规划强调功能分区清晰合理，空间组织力求整体统一，有理有序。

“两轴”——教学区一条贯通南北的连廊为“实轴”，将不同功能的建筑连为一体，既加强建筑组群间的相互联系，又为学生提供充分而富有层次的交流机会和场所。学校主入口—校园文化广场—雕塑—图书报告厅—运动场地为“虚轴”，增强了入口的纵深透视感。

“两院”——教学楼形成两个半开放的庭院空间，为学生营造了随性交流的空间场所。

“两广场”——入口通过建筑的围合形成尺度宜人的校园文化广场，开发的建筑空间形成很好的建筑尺度平衡感。次入口结合功能的需求形成对外开放广场，同时和幼儿园入口形成良好的呼应关系，整个空间关系张弛有度，主次有别，具有极佳的景观资源。

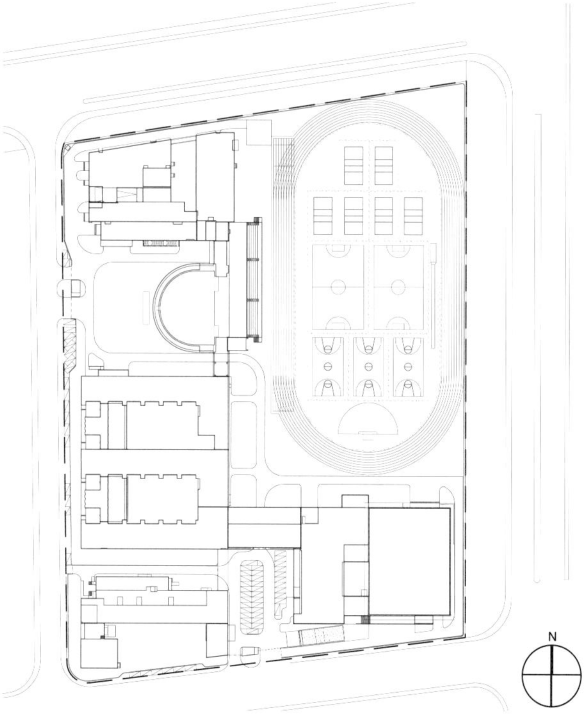

项目整体鸟瞰

校园入口

艺体楼

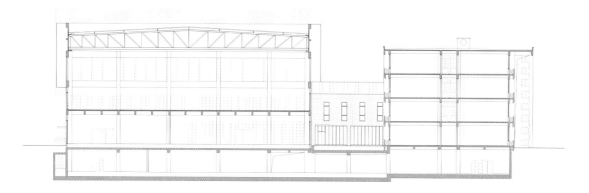

艺体楼剖面图

校园局部

校园局部

图书报告厅内部

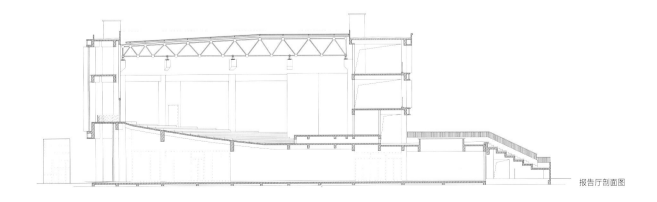

报告厅剖面图

上海北外滩苏宁广场（上海北苏州路 190 号综合项目）
Suning Plaza, North Bund, Shanghai

设 计 单 位：南京长江都市建筑设计股份有限公司
建 设 地 点：上海
用 地 面 积：11096m²
建 筑 面 积：73463.66m²
设 计 时 间：2011.04—2014.05
竣 工 时 间：2017.04
获 奖 信 息：一等奖
设 计 团 队：傅世林 王 畅 王 丹 沈 伟 宋力祥
　　　　　　韩 亮 孙 俊 薛逸明 陈 扬 叶 涛
　　　　　　张锋蕾 徐 阳 范玉华 李 明 周 毅

设计简介

项目位于外滩历史文化风貌区，功能为酒店，建筑设计沿河岸线布置，延续了苏州河北岸滨河空间的连续性界面，并在高度、体量、尺度、色彩和空间布局等方面与本风貌区的风貌特色相协调。

本地块规划设计的沿滨河建筑延续邮政总局横向构图，以简洁、重复、强调的水平向柱廊为基本立面构图为指引，多层部分退让遵照 1:1 的高度、距离比的关系，以平和的姿态，延续历史沿革的空间基本格局。

此界面体现古典建筑神韵的横向三段式第一段布局，低层部分高度不超过 24 米，与邮政博物馆的 20 米高度相当，加之中间过渡的 5 层瑞康公寓，西向与邮政博物馆间水平距离拉开相当距离，空间过渡关系良好。

在乍浦路与北苏州路建筑转角的处理上，刻意构建一八角形塔楼，以呼应周边沿河滨其他两座塔楼，但又不特别突出塔本身，建筑型式、材质和手法上的处理是现代的，既传承又尊重原有的滨河空间格局。

在第二层面高层不超过 40 米高度部分，形成建筑空间的第二个层次，此高度的界面，作为本地块与天潼路北侧的广田地块 147 米超高层建筑的过渡，不至使广田的超高层对滨河风貌有过度的压迫感。

北苏州路

酒店入口

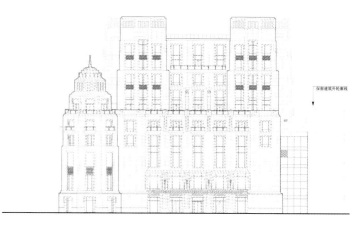

东立面图

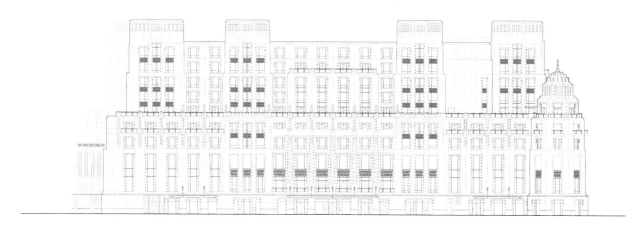

南立面图

入口大堂

八角角楼

景观阳台

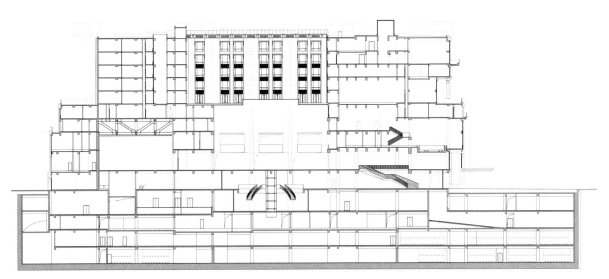

剖面图

设计团队·袁 玮 穆 勇 石峻壵 庞 博 陈庆宁
韩重庆 张 鹏 王 晨 程 洁 屈建球
孙 菁 张 磊

设计简介

项目北侧地块为商业用地，拟建建筑物限高 100 米。从整个街区的城市外部空间考虑，将整个建筑布局尽量贴近南边布置，建筑北侧主楼与体育中心主体育馆一竖一横相呼应，南侧裙房则与东侧体育中心训练馆部分有机组合，共同组成完整的城市界面，同时构建了舒适的城市公共空间。室外地面停车场以及景观广场安排在基地北侧，与基地北面的规划商业高层建筑间形成开敞区域，有利于形成良好的城市外部环境，同时为东侧的体育中心向柳州路方向保留了足够的视觉空间，使得文化体育两部分以整体的形态展现在环境当中。

项目充分利用高温层压树脂板材料的多变色彩、良好质感以及独有的现代气息，对三种不同灰度的板材进行创作性的编织设计，给建筑表皮赋予艺术想象空间。同时在理性设计逻辑的限定下，搭配透明玻璃幕墙。裙楼以浅色树脂板幕墙为主色调，灰色线条与玻璃窗穿插其中，严谨又富有变化；主楼侧墙以深色树脂板幕墙为主色调，与裙楼互为映衬，同时在其中穿插灰色和白色树脂板，典雅有气质。主楼主面采用双层玻璃幕墙，外层幕墙只在层间留有水平开口，没有任何开启扇，形成极其整洁的立面，在玻璃上采用点状彩釉装饰，形成玻璃面中内敛的层次变化；内层幕墙内开的 2 米高 0.5 米宽的门式开启扇，灵感来源于中式传统建筑门扇的风格，形成传统的室内空间韵律。树脂板幕墙和玻璃幕墙均光滑平整，质感连续，色彩融合，使整栋建筑给人典雅连续的外观感受。

沿柳州路街景

总体鸟瞰

沿宝华路街景

沿柳州路街景

沿泰达路街景

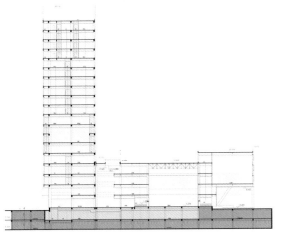

剖面图

室外灰空间

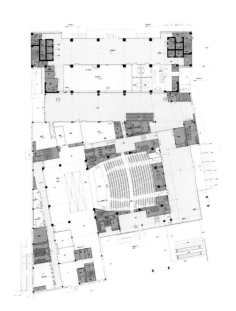

一层平面图

室内中庭

江苏省苏州实验中学科技城校

Science & Technology City Campus of Suzhou Experimental Middle School, Jiangsu Province

设 计 单 位：启迪设计集团股份有限公司

建 设 地 点：江苏苏州

用 地 面 积：101285.6m²

建 筑 面 积：91031.16m²

设 计 时 间：2014.10—2017.09

竣 工 时 间：2018.04

获 奖 信 息：一等奖

设 计 团 队：蔡 爽　袁雪芬　张 斌　陈 君　丁正方
　　　　　　朱一帆　王科旻　朱婷怡　赵舒阳　石晓燕
　　　　　　谭 超　闫海华　庄岳忠　李国顺　周 珏

设计简介

如何将建筑融入自然的节奏，又如何使建筑节奏符合使用者行为，奏出教育与人新时代的篇章，这是设计面临的全新挑战。本案是设计团队通过五年的努力完成的一所具有独特气质的学校建筑，项目位于思古山南麓，内部地势较为平坦，经由启迪设计集团项目团队精心规划设计，充分利用了基地优越的自然景观条件，试图营造出自然、安全的校园环境。不同于以往中小学设计面临的规整用地与紧凑指标，本项目场地围绕一山一湖呈 U 字形，景致优美。

N

校园特写

校园入口

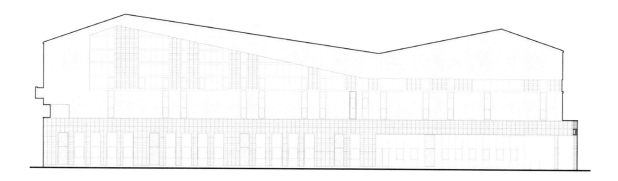

典型立面

校园局部

校园局部

中庭局部

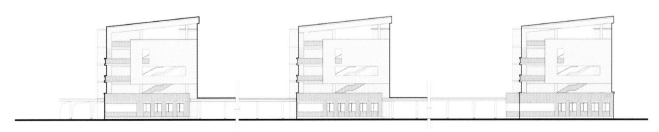

典型立面

博世汽车部件（苏州）有限公司 S208 研发办公大楼扩建项目

S208 R&D Office Building Expansion Project, Bosch Automotive Products (Suzhou) Co., Ltd.

设 计 单 位：中衡设计集团股份有限公司

建 设 地 点：江苏苏州

用 地 面 积：91148.68m²

建 筑 面 积：34032.60m²

设 计 时 间：2015.07—2016.10

竣 工 时 间：2018.07

获 奖 信 息：一等奖

设 计 团 队：赵海峰　弗希钰　刘　恬　陈　曦　谈丽华
　　　　　　　路江龙　傅根洲　付卫东　张　斌　张　勇
　　　　　　　丁　炯　冯　琳　薛学斌　王文学　魏之豪

设计简介

设计采用了办公与原有厂区有机结合的理念。访客贵宾入口及停车与办公人员停车及入口分开体现了高效明晰的管理逻辑和人员分流。南侧入口广场将研发办公和原有厂房有机整合，围合出一片不同区域员工相互交流的公共空间，活跃了工业厂区内的氛围。

两层通高的入口门厅将西侧两层裙房与东侧十六层的办公塔楼相连接，通透的入口空间既拥有宽阔舒畅的空间氛围又有效分离了塔楼办公与裙房内报告厅的人流。同时入口空间所具有的共享交流功能延伸到了办公塔楼之内，使访客与办公人员在能够逐渐过渡到东侧的内部办公区域。

在整体造型上，通过将塔楼偏转一定角度，增加了裙房与塔楼体块的动态联系。同时塔楼部分的偏转扩大了东侧主入口方向的广场面积，在塑造了更为开阔的主入口广场效果的同时使广场的视线与流线更为动态。在立面材料的探索上，裙房和塔楼均采用玻璃幕墙系统，使 S208 研发办公楼与原有厂房相比具有高效、透明、科技感的鲜明特色。

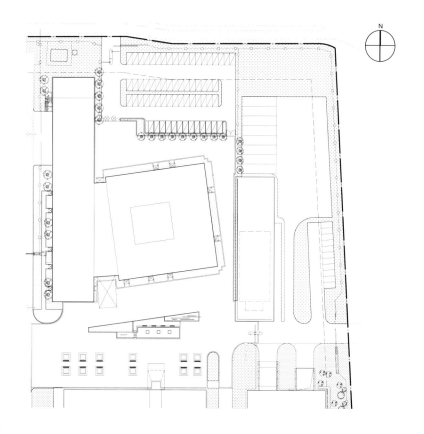

主入口广场及南立面

东南角局部

立面细部

主入口局部

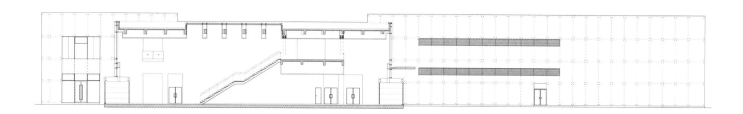

裙房剖面图

入口大厅

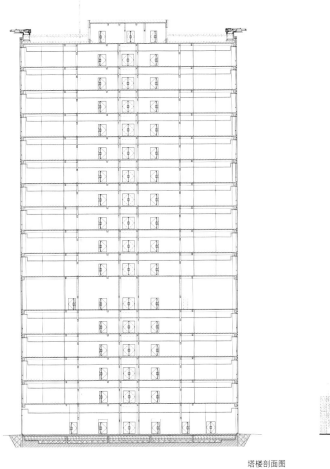

塔楼剖面图

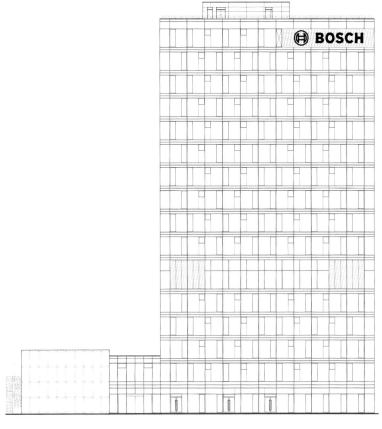

南立面图

宣城市第二中学扩建工程
Xuancheng No.2 Middle School Expansion Project

设 计 单 位：东南大学建筑设计研究院有限公司
建 设 地 点：安徽宣城
用 地 面 积：56000m²
建 筑 面 积：21110m²
设 计 时 间：2013.02—2013.09
竣 工 时 间：2016.08
获 奖 信 息：一等奖
设 计 团 队：韩冬青　孟　媛　邹　苘　范大勇　马志虎
　　　　　　马晓东　王恩琪　董亦楠　方　洋　黄　明
　　　　　　钱　锋　孙　毅　谭　亮　梁沙河　史海山

设计简介
设计以营建"宛陵湖畔的现代书院"为理念。从宣城盛名的宣纸所代表的传统
文化出发，受徽州传统书院启示，于围合式院落格局中营造现代校园的气质与
活力。从城市和周边环境的角度看，综合体内部组织有院落空间，使建筑外轮
廓得以舒畅延展，既能与周边文化建筑共同组成连续的、有序列的城市界面，
又能使建筑内部空间对外部景观资源得以最充分的利用。从建筑功能和使用角
度看，围合院落式布局有利于灵活处理各种使用功能的组合关系，既彼此联
系，又相对独立；这一布局也使建筑更好地契合地形，妥善地处置和利用了场
地高差。扩建工程南侧面向开阔的湖面，具有极佳的景观资源。

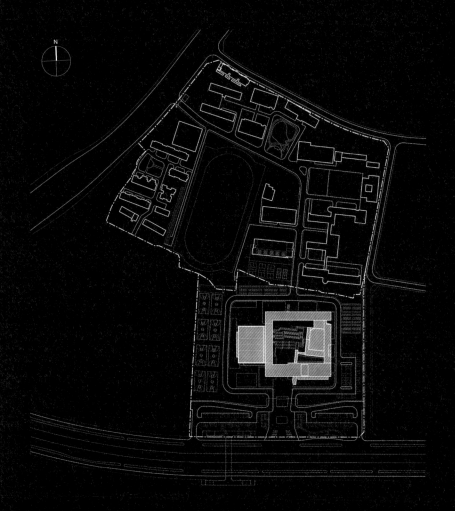

项目整体鸟瞰

主入口

内庭院

内庭院

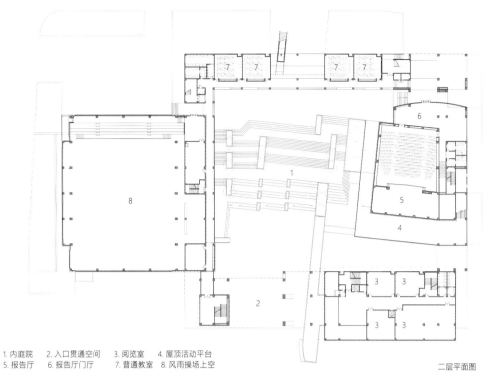

1. 内庭院　　2. 入口贯通空间　　3. 阅览室　　4. 屋顶活动平台
5. 报告厅　　6. 报告厅门厅　　7. 普通教室　　8. 风雨操场上空

二层平面图

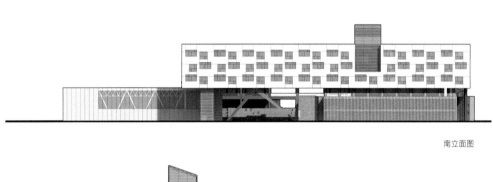

南立面图

东立面图

内院回廊

建筑局部

苏州系统医学研究所新建项目（一期）

New Project of Suzhou Institute of Systems Medicine (Phase I)

设 计 单 位：启迪设计集团股份有限公司

建 设 地 点：江苏苏州

用 地 面 积：27638.82m²

建 筑 面 积：45136.61m²

设 计 时 间：2015.05—2018.05

竣 工 时 间：2018.06

获 奖 信 息：一等奖

设计团队： 张　斌　 周晓东　 韩顾翔　 陈　君　 朱　伟

丁茂华　 谭　超　 房向硕　 陆蕴华　 王桢希

刘　飞　 谢金辉　 张明虎　 张　磊　 殷文荣

设计简介

项目设计理念来源于细胞链和生命繁衍的灵感。总体布局模仿植物生长的形态，由主干生出枝叶，枝叶的排布模仿细胞链的连接方式自由分布。设计中的主干即横向联系基地所有建筑的空中连廊，各个建筑单体南北有机分布，连廊不仅是交通风雨廊，更是景观休闲廊，用以提升整个的基地品质。本项目分为东西二期建设，地块西侧建设的一期单体包括实验楼、综合楼、动物楼、辅楼和地下室；二期规划高层实验楼和裙房。一期沿崇文路的实验楼延续了苏州大学唐仲英医学研究院动物楼的建筑高度，形成了统一的城市天际线。

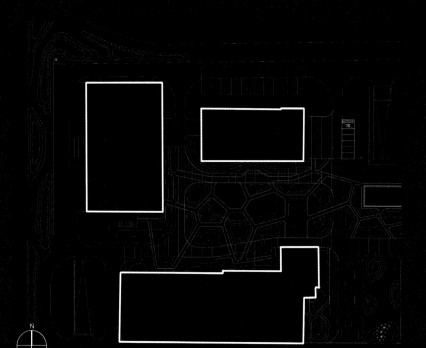

沿街效果

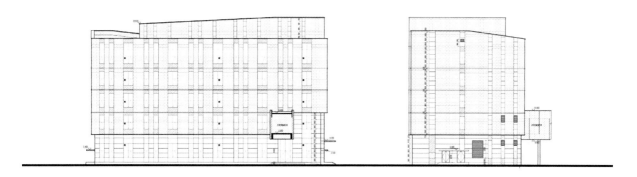

立面图

室内共享空间

建筑局部

综合楼

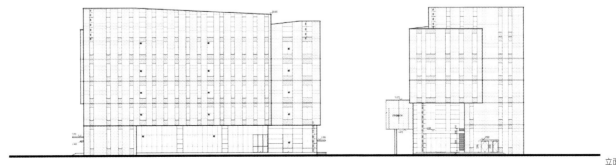
立面图

南京金融城地块项目
Nanjing Financial City Plot Project

设计单位：东南大学建筑设计研究院有限公司
建设地点：南京市河西中央商务区
用地面积：79629m²
建筑面积：744501m²
设计时间：2012.04—2014.06
竣工时间：2017.06
获奖信息：一等奖
设计团队：袁　玮　曹　伟　徐　静　穆　勇　石峻垚　李宝童
　　　　　孙　逊　韩重庆　杨　波　王志东　周桂祥　丁惠明
　　　　　屈建球　贺海涛　陈　俊

设计简介

位于河西中央商务区的核心区位，项目位于河西区新会展中心和江东中路东侧，是一组具有创新性、现代感且优雅美观的金融建筑群合体。北侧两座高层建筑的基座呈不规则四边形，再以"风车叶翼模式"按顺时针方向构图布局于另一侧，由此构成了正方形的地块边缘，正方形之中通过扭转角度再形成一个正方形。七栋最高200米的高层建筑构成南京金融城建筑群的"外环"。三栋正方形高层建筑扭转围合，构成"内环"，建筑布局亦遵照了风车模式。内侧的高层建筑构成的边界与外层高层建筑的规划边线协调一致。内环建筑和外环建筑构成了一个协调的整体。东西流向的红旗河、地块中央南北贯穿的城市景观绿轴、蜿蜒穿过高层建筑群，与建筑的严谨几何形成鲜明对比；简洁有力的外部景观规划和方直严谨的建筑几何体形成的鲜明对比，整合出南京金融城引人注目的外观形象。南京金融城作为地标建筑，将成为具有国际水准的金融企业的聚集地。

沿江东中路街景

单体鸟瞰

组团内景

组团内景

沿雨润大街远眺

下沉广场

地面一层平面

消防系统

步行系统

地面停车

立面肌理

立面肌理

南通市崇川区教育体育局——新建新区学校工程

Education and Sports Bureau of Chongchuan District,
Nantong City-New District School Project

设计单位：南通市建筑设计研究院有限公司

建设地点：江苏南通

用地面积：127078m²

建筑面积：94456m²

设计时间：2016.03—2016.07

竣工时间：2018.02

获奖信息：一等奖

设计团队：张　捷　龚　懿　陈响亮　陈林枫　张继民
　　　　　邱飞宇　李　磊　曾代彬　彭晓辉　朱　昊
　　　　　高逸峰　袁　科　唐海慧　沈一婧　刘婕婧

设计简介

设计以院落（Court）与轴线结合的典型布局方式，借鉴传统思想，着眼于古今的转变，于围合式院落格局中营造现代校园的气质与活力。从城市和周边环境的角度看，内部组织有院落空间，使建筑外轮廓得以舒畅延展，既能与周边建筑共同组成连续的、有序列的城市界面，又能使建筑内部空间对外部景观资源得以最充分的利用。从建筑功能和使用角度看，围合院落式布局有利于灵活处理各种使用功能的组合关系，既彼此联系，又相对独立；结合院落的空间关系，校园"古典空间"的建构是国学经典教育践行"环境育人"的生动体现，学生置身在这样的环境中，耳濡目染，不学以能；潜移默化、自然似之。建筑造型的突破、色彩的运用，金属、玻璃等新型材料的组合，精美的细部结构，无不渗透出强烈的现代感，单体的艺术塑造具有标志性，为校园和城市增添了一道新景观。

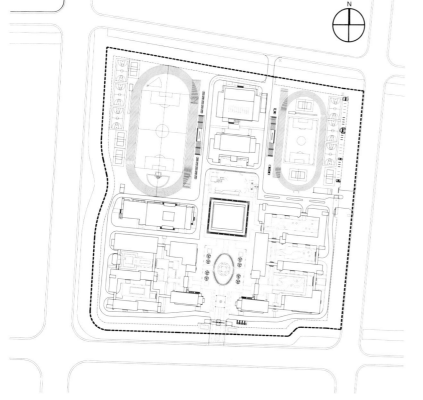

项目整体鸟瞰

1. 综合办公楼
2. 艺体中心
3. 实验楼
4. 教学楼
5. 教学楼
6. 综合办公楼
7. 科艺楼
8. 实验楼
9. 教学楼
10. 教学楼
11. 教学楼
12. 报告厅
13. 食堂
14. 图书信息楼
15. 体育馆
16. 初中部看台
17. 小学部看台
18. 南门卫

一层平面图

南入口

教学楼院落

报告厅

体育馆

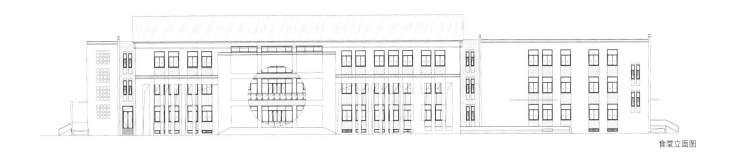
食堂立面图

太湖新城东侧校区和畅小学

Hechang Primary School, East Campus Of Taihu New Town

设 计 单 位： 无锡市建筑设计研究院有限责任公司
上海优联加建筑规划设计有限公司（合作）

建 设 地 点： 江苏无锡

用 地 面 积： 42218m²

建 筑 面 积： 32382m²

设 计 时 间： 2014.08—2015.08

竣 工 时 间： 2018.04

获 奖 信 息： 二等奖

设 计 团 队： 吴晓明　郭春雷　方卫华　郝靖欣　张博宇
高　蓓　杨明国　李冬磊　顾　斌　徐耀杰
黄　慧　沈翔昊　陶鹏飞　崔　磊　张银丰

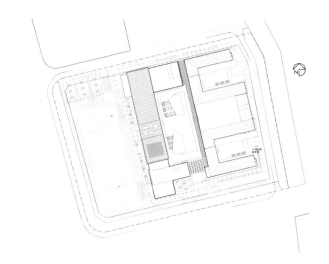

设计简介

校区设计采用"纵横轴线、连续院落、流动空间"的空间结构模式，通过体块的高差对比、体量对比，营造出古朴典雅的学校气质。实墙和内凹的玻璃窗相互咬合、相互映衬，折射出岁月的痕迹。建筑立面教学区墙面以浅米色面砖和木色百叶为主，屋顶则为深蓝色屋面瓦，质朴、简洁、欢快；公共区则以灰色石材和深褐色仿木铝板为主，提升校区的建筑时代感，展现校园的活力与朝气。

西立面

连廊局部

中庭局部

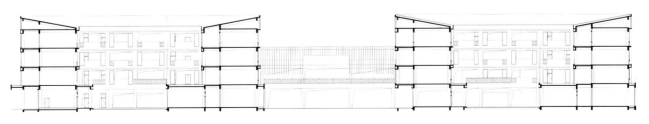

剖面图

苏州科技城第二实验小学

The Second Experimental Primary School of Suzhou Science & Technology City

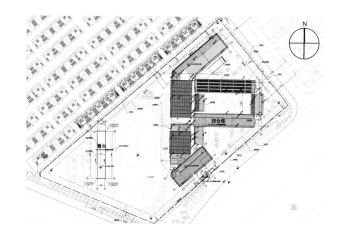

设计单位：启迪设计集团股份有限公司
建设地点：江苏苏州
用地面积：31938.4m²
建筑面积：36379.4m²
设计时间：2016.07—2017.05
竣工时间：2018.06
获奖信息：二等奖
设计团队：袁雪芬　张　颖　方　彪　李少锋　陈苏琳
　　　　　陆　勤　张筠之　张　杜　钱忠磊　张传杰
　　　　　闫海华　殷文荣　吴卫平　庄岳忠　陆凤庆

设计简介

较传统学校排布局限，本方案强调公共性、便捷性、趣味性的新型校园定位。在校园主入口、普通与专业教室、风雨操场和食堂区域之间设立连廊，使师生们到达任何区域都方便、安全、快捷，同时也创造出更多活动空间，提升学校公共性和趣味性。明亮的学习教室、怡人的校园环境、全面的服务配套同时满足学生、教师和家长们的需求。精巧雅致的苏州园林、小桥流水的老城街景、行腔婉转的苏州评弹无不表达着这座城传承至今的内敛与温润。因此，层次性、素雅性和精致性是本方案设计核心概念。

局部透视

局部透视

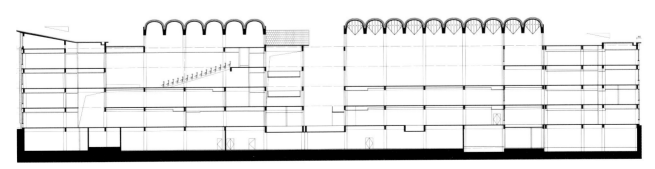

剖面图1

聚思园
Jusi Resort

设计单位：苏州华造建筑设计有限公司
　　　　　李玮珉建筑设计咨询（上海）有限公司（合作）
　　　　　上海日清建筑设计有限公司（合作）

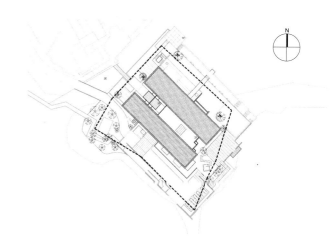

建设地点：江苏苏州
用地面积：1812m²
建筑面积：2247m²
设计时间：2015.06—2015.12
竣工时间：2017.03
获奖信息：二等奖
设计团队：汪　骅　宋照青　李玮珉　欧　泉　黄宇琼
　　　　　蒋一新　唐炎君　陆国琦　曹志刚　李红岩
　　　　　浦秋健　葛舒怀　岑　岭　初子圆　杜文娟

设计简介

建筑整体布局源自于一个十字形的分割，又被两道微垂的一字形弧面概括。功能上形成四个方向的限定和朝向，同时形体上归纳于两道孪生的体块。建筑色彩借鉴徽派建筑粉墙黛瓦的特点，以灰黑色金属勾勒顶部轮廓，以白色石材铺满所有墙面。由此，建筑写意留形，像完成一幅幅水墨画一样生成建筑的每一个面相，以建筑的语言激发出场所的诗意。

西南鸟瞰

地下庭院

镜面水池

外庭花园

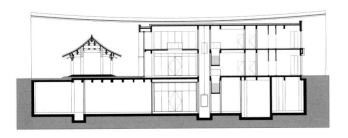

剖面图 1

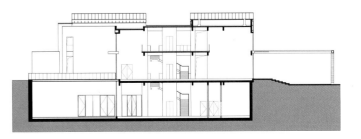

剖面图 2

NO.2007G29 地块项目（南京湖北路吾悦广场）

No.2007G29 Project （Nanjing Hubei Road Wuyue Plaza）

设 计 单 位：南京市建筑设计研究院有限责任公司
建 设 地 点：江苏南京
用 地 面 积：11619.91m²
建 筑 面 积：66302.55m²
设 计 时 间：2015—2017
竣 工 时 间：2018
获 奖 信 息：二等奖
设 计 团 队：杜仁平　崇宗琳　沈　阳　段天楚　　彭卫纲
　　　　　　佘广军　于　磊　赵宏康　欧阳禧玲　卢　颖
　　　　　　刘　捷　徐思捷　李昕荣　韩正刚　　龙　建

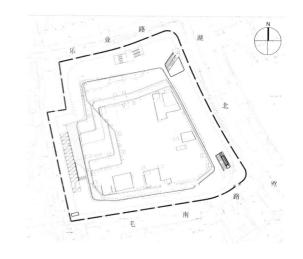

设计简介

设计致力于创造有鲜明主题和特色的商业中心，把"玩"与"购物"的空间打造成一个潮流、精致、时尚、活力、轻奢的环境。充分借鉴当地历史文脉、商业业态和城市空间布局，提升湖南路商圈自发形成的商业特征和商业形象。项目外观设计充满特色元素，色彩用材大胆新颖，宽度多变的金属板材赋予了建筑不同的建筑语言。

西南鸟瞰

夜景

入口透视

后场

商场中庭

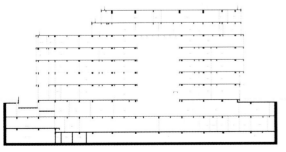
剖面图 1

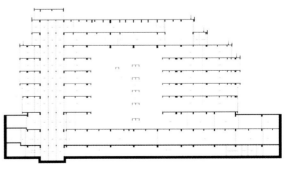
剖面图 2

太湖新城西侧校区信成小学

Xincheng Primary School, West Campus Of Taihu New Town

设 计 单 位： 无锡市建筑设计研究院有限责任公司

上海优联加建筑规划设计有限公司（合作）

建 设 地 点： 江苏无锡

用 地 面 积： 48423m²

建 筑 面 积： 34746m²

设 计 时 间： 2014.09—2015.08

竣 工 时 间： 2018.01

获 奖 信 息： 二等奖

设 计 团 队： 吴晓明　郭春雷　高　蓓　杨明国　李冬磊

华燕萍　马淳靖　高逸俊　方卫华　顾　斌

黄　慧　瞿　春　徐耀杰　吴天驰　徐治成

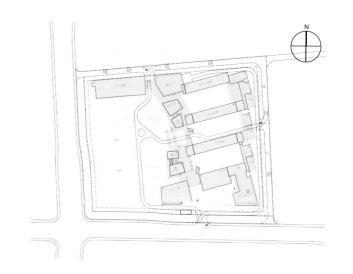

设计简介

校区致力于创造可以激发小学生积极成长行为的教育建筑，运用现代抽象的设计手法，塑造活泼、生动、丰富且适应小学生特质的新形象。校区通过形体的错位组合，在公共廊道上分散设置公共活动阳台、露台、灰空间等创造出丰富有趣的空间体验。公共功能空间及连廊的设置，形成了独具特色的"愿望宝盒"公共带，公共功能盒子部分采用斜向渐变的"折纸"式表皮，赋予建筑活泼统一的形象。

校园入口

运动场一览

中庭局部

连廊局部

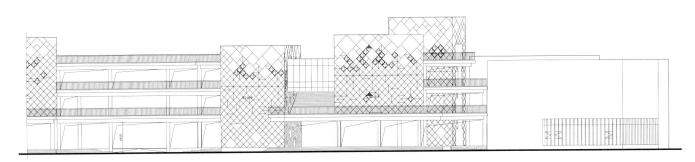

西立面图

沭阳脑科医院
Shuyang Brain Hospital

设计单位：江苏美城建筑规划设计院有限公司
建设地点：江苏宿迁
用地面积：21479m²
建筑面积：45315m²
设计时间：2015.10—2016.01
竣工时间：2018.05
获奖信息：二等奖
设计团队：靳　乒　耿立祥　陈恒泽　徐建业　刘清华
　　　　　叶道春　徐　瑶　张国勇　陈士军　朱　伟
　　　　　葛　桃　何明露　徐正雷　沈付国　周　毅

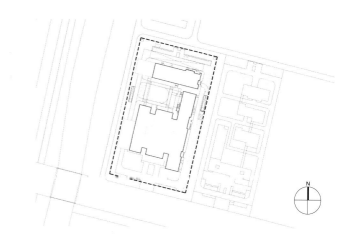

设计简介

项目为三级甲等精神专科医院。方案设计科学合理地整合全院的功能分区和交通系统，有效提高了医院的使用效率。设计时引入模块化设计，柱网采用 8 米模块化柱距，适用医院以后的功能调整。建筑底层局部架空，面对市民开放，不仅丰富了医院的建筑空间，也提升了病人的参与性。建筑设计了室内中庭和室外庭院，有利于患者放松心情、舒缓情绪。节能率为 65%，为二星级绿色建筑。

西南鸟瞰

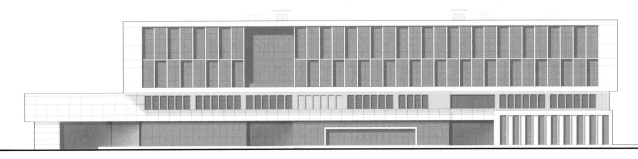

门诊楼南立面图

麒麟人工智能产业园首期启动区 A 区

Area A - Phase 1 of the Chilin Artificial Intelligence Industrial Park

设 计 单 位: 江苏省建筑设计研究院有限公司
建 设 地 点: 江苏南京
用 地 面 积: 60466m²
建 筑 面 积: 200585m²
设 计 时 间: 2012.02—2016.03
竣 工 时 间: 2018.01
获 奖 信 息: 二等奖
设 计 团 队: 周红雷　王超进　颜　军　蔡　蕾　江亢婷
　　　　　　季　婷　张　雷　程湘琳　李卫平　周岸虎
　　　　　　于蓓文　刘　燕　王　帆　刘文青　李　智

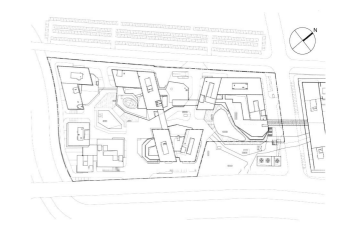

设计简介

项目以"玉带还丘"的山水形态为筋骨,诗意布局建筑与场地。以生态庭院和绿化屋面化为基底,蜿蜒盘亘的建筑体量为骨架,生动还原山水大家傅抱石名作中"玉带还丘"般的金陵山水格局,使得产业园南北中三个区形成虎踞龙盘、山环水绕的整体形象。

A 区位于产业园首期启动区最南端,地上建筑群组由七栋主体建筑和裙房组成,主要功能为办公、研发、会议及配套服务设施。主体建筑间以连廊相接,功能相对独立,人行交通便捷联系。建筑群以组团式布局,最大化围合层次丰富的内部景观庭院。

东南鸟瞰

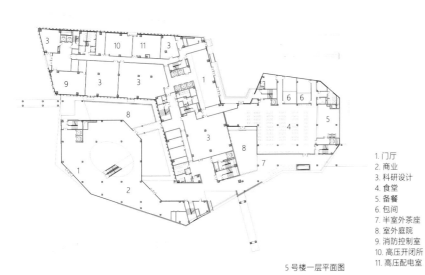

5 号楼一层平面图

1. 门厅
2. 商业
3. 科研设计
4. 食堂
5. 备餐
6. 包间
7. 半室外茶座
8. 室外庭院
9. 消防控制室
10. 高压开闭所
11. 高压配电室

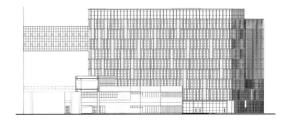

5 号楼立面图 1

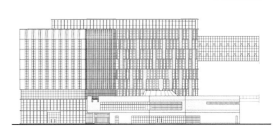

5 号楼立面图 2

如东一职高体育馆

The Rudong First Professional High School Gymnasium

设 计 单 位：南京大学建筑规划设计研究院有限公司
建 设 地 点：江苏如东
用 地 面 积：26447m²
建 筑 面 积：8946.43m²
设 计 时 间：2014.04—2015.02
竣 工 时 间：2018.06
获 奖 信 息：二等奖
设 计 团 队：廖　杰　查旭明　康信江　肖玉全　胡晓明
　　　　　　王　成　董　婧　徐　扬　李　青　王蕾蕾
　　　　　　陶　峻　刘　洋　徐　嵘　马明明　李　悦

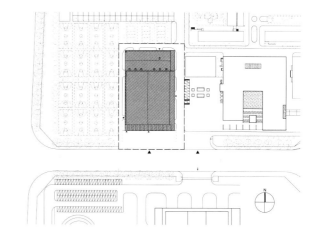

设计简介

项目用地南北向长 115 米左右，东西向长 75 米左右，基地形状规整，用地十分紧张。因此，本方案选择用简洁高效的长方形体量组织体育馆的复杂功能。建筑造型结合疏散布局，采用表皮设计手法，将线性的疏散平台及台阶形成一个活跃的灰空间。这既是交通空间，又是观众休息交流空间。疏散平台外表皮采用通高铝镁锰压型板及金属穿孔百叶形成表皮韵律。竖向金属和玻璃两种材质构件的对比与灰空间丰富的光影变化，营造了富有活力的现代体育馆形象。

运动员入口

贵宾入口

建筑人视

建筑人视

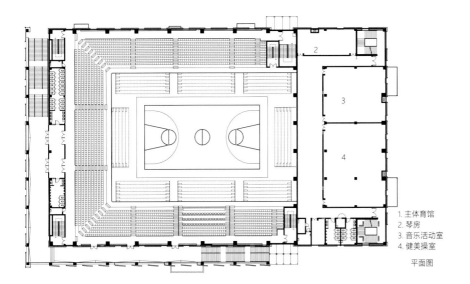

1. 主体育馆
2. 琴房
3. 音乐活动室
4. 健美操室

平面图

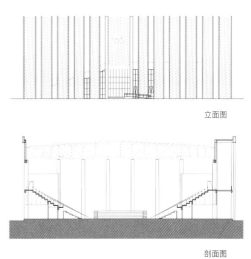

立面图

剖面图

南京大学仙林国际化校区第二食堂
Second Canteen of Nanjing University Xianlin International Campus

设 计 单 位：南京大学建筑规划设计研究院有限公司
建 设 地 点：江苏南京
用 地 面 积：10013m²
建 筑 面 积：11756m²
设 计 时 间：2008.04—2008.10
竣 工 时 间：2016.07
获 奖 信 息：二等奖
设 计 团 队：廖 杰　陆 春　费小娟　康信江　张 芽
　　　　　　王 成　丁玉宝　胡晓明　施向阳　徐婉迪
　　　　　　李 辉　薛书洋　董 婧

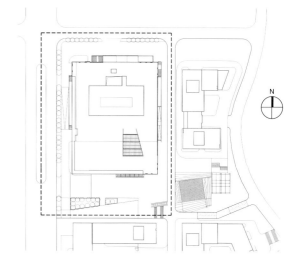

设计简介

项目紧邻新校区第二学生组团，整幢建筑为三层楼，主要功能是满足二组团师生就餐的要求。一至三层平面功能分区明确，餐厅有三个采光面且与入口有便捷联系，厨房位于餐厅端部。两者既相互联系又独立成区，互不干扰。餐厅共设餐位约2580座，考虑2.5次翻台，可满足6千多人次就餐。建筑形象强调简洁大气的风格，以建筑体量的几何构成感为主要特色。设计中建筑造型体块采用对位、穿插的手法，具有很强的雕塑感。东、南、西侧设置了宽敞的玻璃幕墙，改善了大进深餐厅的光环境，师生就餐的同时可以观赏到校园的美景。

西南鸟瞰

南侧入口人视

东侧入口人视

建筑内部人视

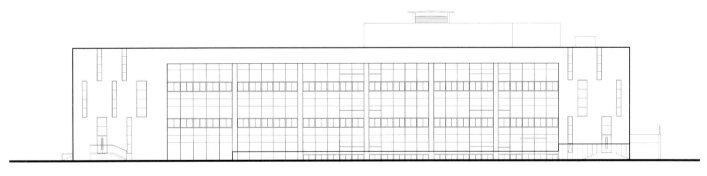

东立面图

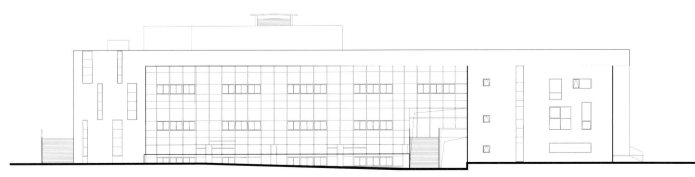

西立面图

金陵中学河西分校小学部项目
Primary School Project of Jinling Middle School Hexi Campus

设计单位：南京大学建筑规划设计研究院有限公司
建设地点：江苏南京
用地面积：130826m²
建筑面积：24606m²
设计时间：2016.06—2016.11
竣工时间：2018.06
获奖信息：二等奖
设计团队：李少航　李徳寒　蒋　晖　陆　吞　姜　磊
　　　　　　 邓云翔　丁　娅　田　超　宾羽飞　徐媛媛
　　　　　　 丁　岚　张　芽　胡晓明　王　成　梁辰博

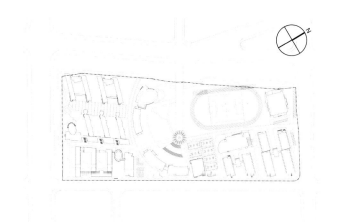
整体鸟瞰

设计简介

项目位于南京市建邺区金陵中学河西分校内，小学部设计 10 轨 60 班。校园整体设计风格在和周边环境、建筑相协调的基础上，充分考虑金陵中学特有的文化，营造真正让孩子快乐成长、学习、嬉戏、交流、体验的校园。设计多种模式的交流空间、集中式的入口门厅、人性化的细节、绿色生态化的校园、多重屏障的校园室内外声环境、完全人车分流的交通组织；围合式的创新建筑布局，合理、充分地利用了各个空间，较好解决了用地紧张的问题，并与老校区合理衔接，资源多方共享。

整体鸟瞰

主入口人视

走廊人视

食堂人视

教学楼人视

庭院人视

食堂人视

食堂人视

南京大学仙林国际化校区生命科学院教学楼（一期）
Teaching Building of Life Sciences, Xianlin International Campus, Nanjing University (Phase I)

设 计 单 位：南京大学建筑规划设计研究院有限公司
建 设 地 点：江苏南京
用 地 面 积：35446.5m²
建 筑 面 积：39165.86m²
设 计 时 间：2010.05—2011.04
竣 工 时 间：2016.05
获 奖 信 息：二等奖
设 计 团 队：冯金龙　陆　春　程　超　于　昂　于蕾蕾
　　　　　　潘　华　周小松　王　成　施向阳　张　芽
　　　　　　丁玉宝　吴宏斌　赵　越　缪　霜　董　婧

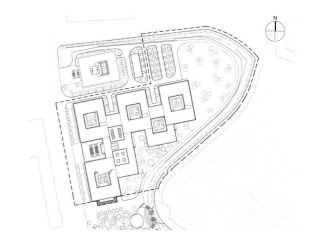

设计简介
建筑空间组合概念以构成生物体的基本单位——"细胞"作为出发点，以细胞核为中心的细胞单位构成转化为以内院为核心的院落单元。规划布局基于小型院落模块的组合，分内外两种类型。西北外围靠近校园道路设四个五层院落单元，明确建筑对外界面；东南内侧靠生态广场设置三个四层院落单元，将外围单元联系为有机整体，其中西侧两个院落单元连体构成组团核心。方形内院尺度适宜，高宽比接近1:1，为避免内院尺度的压抑，外围五层院落首层开放，与周边环境渗透。建筑二期位于东北侧，由两个院落单元构成模块扩展生长。

西侧鸟瞰

东南角鸟瞰

门厅

中央楼梯

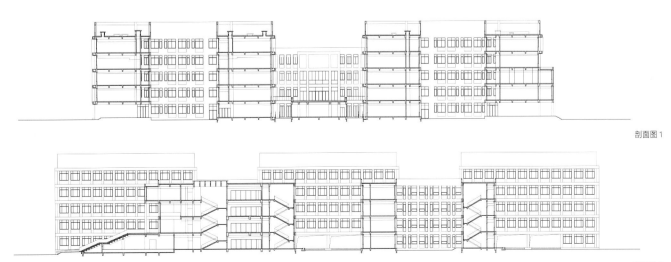

剖面图 1

剖面图 2

溧水区市民中心项目设计
Lishui District Citizen Center Project Design

设 计 单 位：南京柏海建筑设计有限公司

建 设 地 点：江苏南京

用 地 面 积：20526.56m²

建 筑 面 积：72636.95m²

设 计 时 间：2015.08—2016.04

竣 工 时 间：2018.04

获 奖 信 息：二等奖

设 计 团 队：洪　烽　陈普浩　董　敏　许霓霓　王万荣
　　　　　　孙佳佳　宁向阳　金　升　冯玉珍　曾素娟
　　　　　　缪　丹　胡　源　陈启龙　徐康进　刘荣向

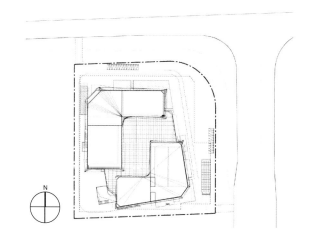

设计简介

溧水区市民中心契合溧水"保持绿色生态和可持续发展"的城市发展理念，打造以民为本的行政服务设施及新型的服务空间和工作空间，提供创新的城市规划展览空间；以"节能、环保、可持续发展的绿色建筑"为设计原则，努力将项目打造成"好客之家""便利之家""关爱之家""绿色之家""山水之家"。

西北鸟瞰

市民中心主入口

市民中心细部

市民中心南侧入口门厅

市民中心中庭

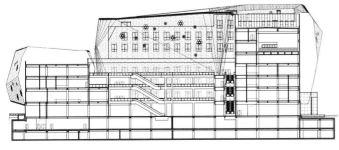

剖面图 1

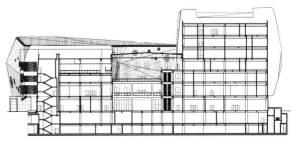

剖面图 2

证大 NO.2010G32 09-09 地块
Zhengda NO.2010G32 09-09 Block

设 计 单 位: 江苏省建筑设计研究院有限公司
　　　　　　上海阿科米星建筑设计有限公司（合作）
建 设 地 点: 江苏南京
用 地 面 积: 13220m²
建 筑 面 积: 109349m²
设 计 时 间: 2015.04—2015.06
竣 工 时 间: 2017.12
获 奖 信 息: 二等奖
设 计 团 队: 宋 华 王 兵 沈 鹏 郭 飞 朱 莉
　　　　　　王 瑛 迮润良 国君杰 庄韵如 刘 青
　　　　　　胡洪波 郭 健 陈 洁 吴爱平 李素兰

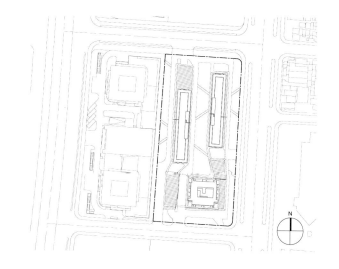

设计简介

项目在保证公寓、SOHO 等小单元均好的基础上，采用横向延展的设计手法，通过横向板块之间的错位变化，创造出丰富的整体形象。地块包含商业、办公等功能，不同功能不同的使用时间提升了该区域各时段业态活力。项目整合了基地周边现有或将有的业态和资源（如城市公园、商业等），形成了积极的、有趣味的城市空间。

东侧沿街日景

东侧夜景

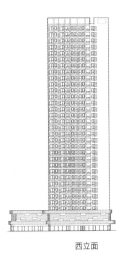

西立面   南立面

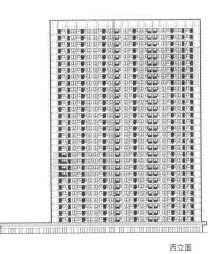

西立面

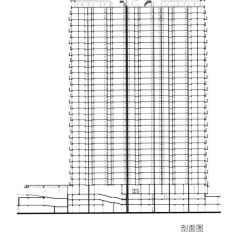

剖面图

宝应县生态体育休闲公园

Ecological Sports Leisure Park of Baoying County

设计单位：江苏省建筑设计研究院有限公司
建设地点：江苏宝应
用地面积：193404m²
建筑面积：41049m²
设计时间：2016.03—2016.09
竣工时间：2018.05
获奖信息：二等奖
设计团队：刘志军　吴丹丹　王　端　秤湘琳　干晓斌
　　　　　高　勤　肖　伟　董　伟　邱建中　胡　建
　　　　　李智花　夏张伟　刘畅然　顾璐璐

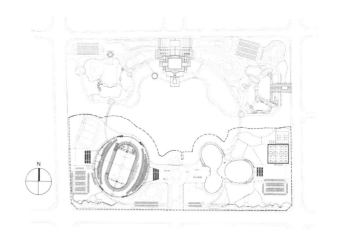

设计简介

项目包含 12615 座的体育场 1 座，体育综合馆 1 座，以及室外田径及足球训练场、室外篮球场、网球场、健身步道、室外景观绿化等，定位为乙级体育建筑。建筑造型紧扣莲花的主题，体育综合馆宛如三瓣飘落的莲花，体育场屋面和立面装饰连为一体，形成连续的瓣状机理，如莲花盛放。基于上位城市设计，将生态体育休闲公园放在整个宝应城南新城区域中考虑，力图使城市空间与建筑外部空间充分融合，以求得其在城市中的和谐共生。设计旨在满足比赛、全民健身、教学及展览、演出、休闲等多功能的要求，打造一个满足一家人不同年龄人群的休闲需求。

鸟瞰日景

滨水透视图

花园中庭

体育馆室内

游泳馆室内

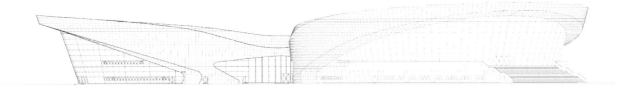
体育综合馆立面图

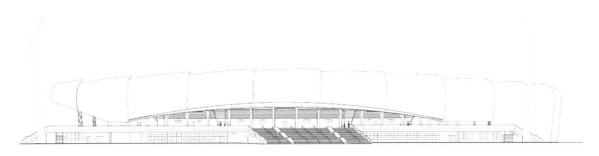
体育场立面图

南京绿博园环境提升工程——地铁上盖物业

Nanjing Green Expo Garden Environment Upgrading Project-Metro Upper Cover Property

设 计 单 位：江苏省城市规划设计研究院

建 设 地 点：江苏南京

用 地 面 积：9043m²

建 筑 面 积：9472m²

设 计 时 间：2013.04—2014.05

竣 工 时 间：2017.05

获 奖 信 息：二等奖

设计团队：刘宇红　麋海平　许　清　于庆阳　程加亮

　　　　　陈　健　章晓红　殷欣蕾　张　雷　褚克平

　　　　　袁小清　魏　霖　杨　阳　孙　正

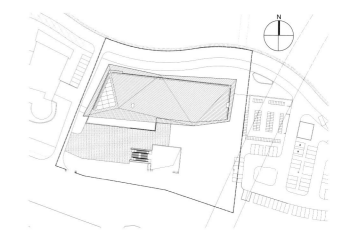

设计简介

项目位于南京绿博园东入口北侧，作为游客中心，可提升公园的服务功能；同时也作为南京地铁 10 号线绿博园站的上盖物业，对接来往游客人流。项目梳理了场地复杂的交通流线，使得地铁客流、机动车流、商业服务流线、后勤服务流线清晰便捷。通过精巧的竖向设计，在不同标高设置下沉庭院、开放大厅、活动广场对接地铁客流和绿博园自然环境。

沿街人视

东南人视

地铁口人视

立面材质

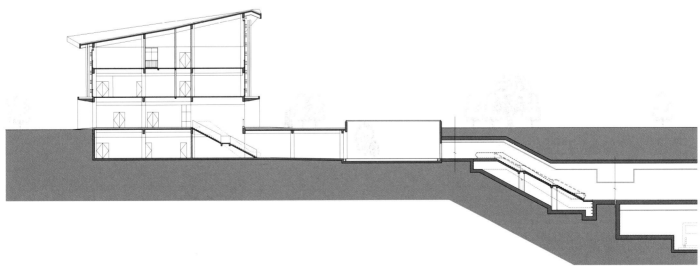
剖面图

江苏绿建大厦
Jiangsu Green Mansion

设 计 单 位：南京长江都市建筑设计股份有限公司
建 设 地 点：江苏南京
用 地 面 积：5386m²
建 筑 面 积：25695.4m²
设 计 时 间：2015.07—2017.12
竣 工 时 间：2018.02
获 奖 信 息：二等奖
设 计 团 队：奚玲玲　沈　伟　田小晶　周姜彘　顾春雷
　　　　　　　周　毅　张　雷　韦　佳　宋世伟　陆钧衡
　　　　　　　叶　涛　谭德君　储国成　范玉华　陈　睿

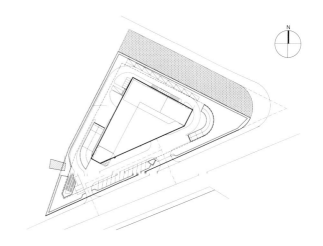

设计简介

通过运用计算机技术对基地进行朝向、热工、通风以及太阳辐射几方面的分析，得出外部需采用的相应措施，在南侧采用导风板及双层呼吸式玻璃幕墙的设计，东北、西北以折形窗形成合理的遮阳并产生一个主要视觉特征。运用玻璃、石材、金属等当代建筑材料和技术体现典雅、高贵精致而又严谨、庄重的视觉风格，达到了浑然天成的效果。

建筑内部设计一九层通高中庭，结合造型设计的导风板，并利用中庭的烟囱效应，有效组织春秋夏季进入建筑内部的风流，同时要求每个办公室的侧墙下部设置可调节性百叶，使建筑内部每一个功能用房均能享受到设计带来的舒适，减少空调用时，节省电力，减少热量排放。

项目整体鸟瞰

汉中路交叉口人视

入口门厅

建筑室内

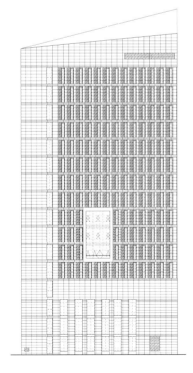

东立面图

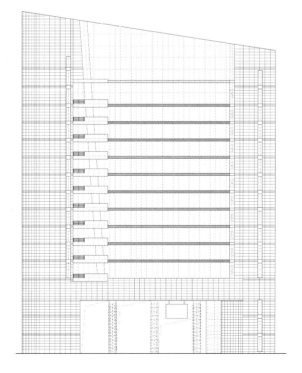

南立面图

南京河西海峡城初级中学
Nanjing Hexi Haixiacheng Junior Middle School

设计单位: 东南大学建筑设计研究院有限公司
建设地点: 江苏南京
用地面积: 29991m²
建筑面积: 24757m²
设计时间: 2014.03—2015.07
竣工时间: 2017.11
获奖信息: 二等奖
设计团队: 钱　铮　刘　珏　邵如意　许立群　廖　振
　　　　　黄　卿　马志虎　杨　敏　孙　毅　沈梦云
　　　　　罗振宁　钱　锋　毛树峰　龚德建　胡寅倩

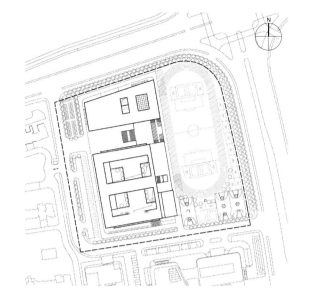

设计简介

设计因地制宜，将操场、食堂及体育馆等对噪声相对不敏感的功能沿东、北两条主干道设置，从而在场地西南侧为教学区营造出一片相对安静的噪声隔离区，并在运动场地与教学区之间设置公共教学区，形成安静到活跃的过渡。由于场地较为局促，设计采取"集约设计、小中求大"的策略，在确保功能合理的基础上将建筑集中设置，为室外活动场地腾挪出足够空间，同时，建筑通过首层架空、屋顶平台的利用取得紧凑中的疏朗，并在教学区与运动区之间形成地面、二层平台、3~4层连廊三个层次的立体互动，从而营造出丰富有趣的空间体验，实现了小中求大的设计愿景。材料方面，受限于造价控制，结合教育部门的要求，外立面选用真石漆作为基本材料，设计结合分缝处理，通过同色系不同色彩的组合营造出面砖、陶板、金属板肌理的效果，并通过局部U玻的点缀，形成了强烈的对比，实现了"以低造价，塑新面貌"的设计初衷。

大平台透视图（朝入口方向）

整体透视图（操场视角）

教学楼局部透视图

教学楼局部透视图

风雨操场及报告厅透视图

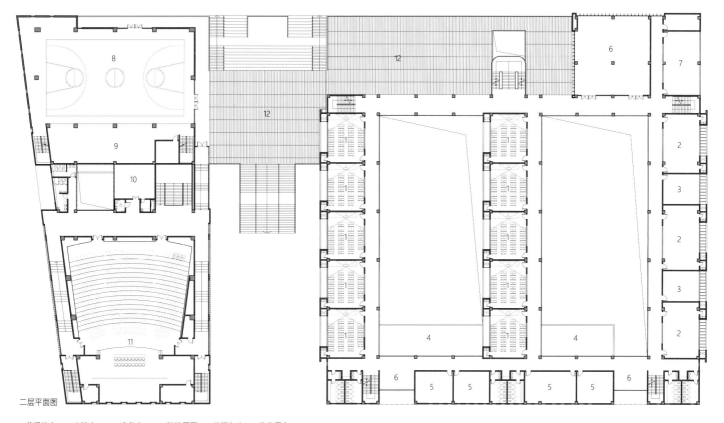

二层平面图

1. 普通教室　2. 实验室　3. 准备室　4. 种植屋面　5. 教师办公　6. 休息平台
7. 科学教室　8. 风雨操场　9. 活动场地　10. 贵宾室　11. 报告厅　12. 二层平台

张家港华夏科技园一期

The Planning & Design of Huaxia Technology Park,Zhangjiagang (Phase I)

设计单位：中衡设计集团股份有限公司

建设地点：江苏张家港

用地面积：64454m²

建筑面积：87428m²

设计时间：2016.01

竣工时间：2018.02

获奖信息：二等奖

设计团队：赵　栋　赵　伟　周　兰　江辰熙　葛晓峰
　　　　　杜良晖　刘亚梅　何艳萍　赵建忠　周慧鑫
　　　　　王　干　孙　磊　李添文　杨　瑞　刘义勇

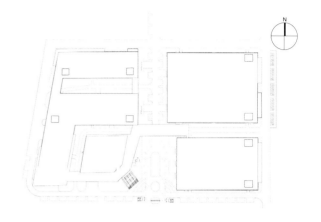

设计简介

设计构想了一个串联各建筑的大平台，将公共设施布置于该平台上，增强了各区域的联系。同时把该平台打造成休闲、交流、共享的空间，给园区提供了生产活动之外的人性化空间，也是科技园对外的出口。公共服务中心采用动感折线，在入口广场上扬形成入口空间，简洁有力地展示了现代产业园的建筑形象。入口广场结合电梯设置一处标志塔，既满足大平台无障碍要求，又提升了园区标志性景观。

项目整体鸟瞰

花园平台

花园平台

科技园入口

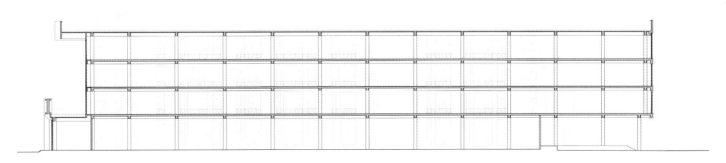

剖面图

康力电梯实验塔
Kangli Elevator Experimental Tower

设 计 单 位：中衡设计集团股份有限公司
建 设 地 点：江苏苏州
用 地 面 积：10263m²
建 筑 面 积：26389m²
设 计 时 间：2012.09—2012.12
竣 工 时 间：2016.11
获 奖 信 息：二等奖
设 计 团 队：张　谨　黄　琳　陆学君　冯正功　王迅飞
　　　　　　宋　扬　赵　伟　费希钰　杨律磊　王俊杰
　　　　　　李　军　丁　炯　王　祥　戴诚绮　黄　磊

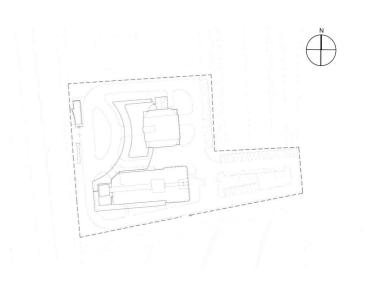

设计简介

项目是目前已建成的世界电梯试验塔的最高高度，其电梯测试速度最高可达到21m/s，除了集中技术研发和测试功能，试验塔还兼具观光功能。全塔共9个井道，其中1个为观光井道，另外8个为试验井道。由于电梯测试塔有别于一般的建筑功能，又对建筑高度和技术有特殊要求，所以设计将建筑功能与形态充分融合，作为最重要的层面进行考虑，必须将二者充分相互融合才能设计出优秀的建筑作品。

南侧鸟瞰

建筑日景透视

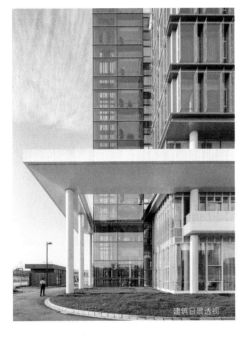

建筑日景透视

建筑日景透视

建筑日景透视

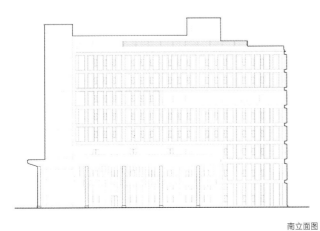

南立面图

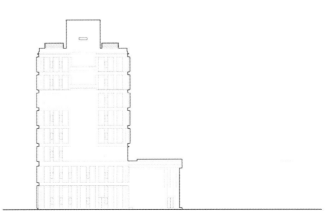

西立面图

宝龙金轮广场项目
Baolong Jinlun Square

设计单位：江苏筑森建筑设计有限公司
建设地点：江苏扬州
用地面积：61275m²
建筑面积：234706m²
设计时间：2015.01—2015.06
竣工时间：2016.09
获奖信息：二等奖
设计团队：符光宇　于　丁　袁文侨　陈　岩　王同乐
　　　　　王海龙　刘　恒　沈　琪　陈　勋　吕旭梅
　　　　　左思伟　丁　俊　管　宏　朱加友　束　彪

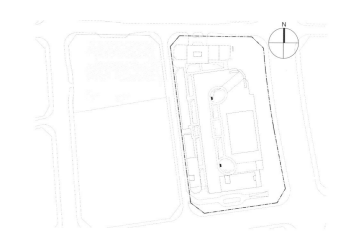

设计简介

项目立面以节奏元素打造现代建筑风格，立面的几何线条很简单，通过不同节面的大小变化和组合，在外观上缩小庞大的体量，打造宜人的尺度。建筑入口大气明朗，结合大型商业整体造型，立面具有进深感、层次感，内收上方的部分则保持流畅的造型，从而形成富有进入感的主入口。

夜景效果

局部中庭

整体造型

局部外观

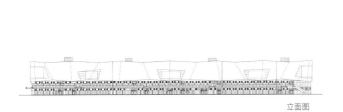

立面图

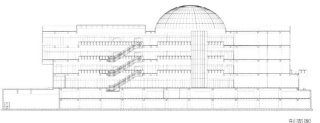

剖面图

扬州戏曲园（艺校改扩建）工程

Opera Park,Yang Zhou

设 计 单 位：江苏筑森建筑设计有限公司

建 设 地 点：江苏扬州

用 地 面 积：36179m²

建 筑 面 积：73827m²

设 计 时 间：2014.02—2015.11

竣 工 时 间：2017.12

获 奖 信 息：二等奖

设 计 团 队： 陈 欣　陈 涵　王云峰　严 峰　王晓冰

　　　　　　张 琪　张 玲　王旭明　王义正　王 坤

　　　　　　钱余勇　张爱红　王 涛　肖 龙　王 伟

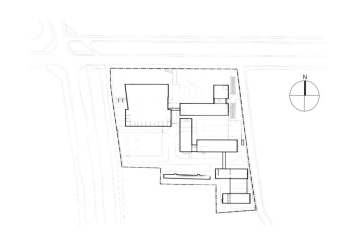

设计简介

项目对原有扬州文化艺术学校、扬剧团和歌舞剧院进行改扩建，建设校园区（包括教学区、生活区、活动区）、展演展示区、非遗传承中心区三大功能区，形成集教学研究、传承保护、制作生产、展示销售为一体的"戏曲园"。由于用地紧张，方案仅塑造了一处最重要的、面向城市的开放空间。除此之外，大部分场地以功能性为主，通过建筑架空等处理方式增加场地的开场性与通达性。

通透的幕墙

形象化广场

模数化立面

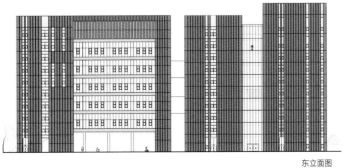
东立面图

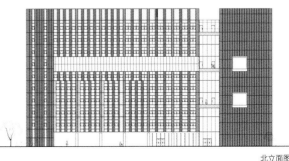
北立面图

泰州五巷街区
Taizhou Wuxiang Block

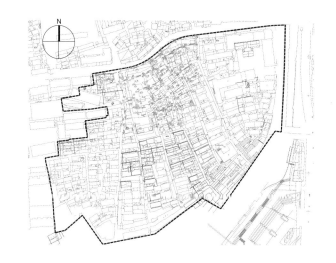

设 计 单 位：江苏现代建筑设计有限公司

建 设 地 点：江苏泰州

用 地 面 积：59829m²

建 筑 面 积：33465.1m²

设 计 时 间：2014.11—2015.01

竣 工 时 间：2016.01

获 奖 信 息：二等奖

设 计 团 队：陆志勇　萧光明　梅晓虹　周琳琳　胡　蓉
　　　　　　周程璐　王　飞　曹　寅　唐光明　邰魏程
　　　　　　刘中美　朱丙田　缪　非　王俊健　管　蕾

设计简介

项目是泰州首个启动、重点打造的历史文化片区，本次设计适度扩大沿河稻河、草河的设计研究范围；调整及扩大保护建筑范围，充实及深化保护建筑利用和新老建筑结合的设计。按照历史形成建筑—街巷—建筑—草河的临水街巷构成，项目运用常规建造技术结合生态节能理念，整体上形成"一核、一带、五巷、多点"的公共开放街巷景观系统，形成以沿稻河历史风情商业为主，五巷纵深区域居住为辅，配套完善的商业、居住、旅游街区。

西南鸟瞰

牌楼

幽静小道

双色戏台

叠水景观

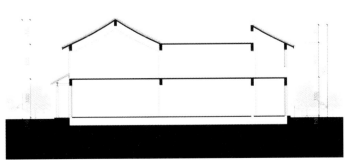

剖面图1

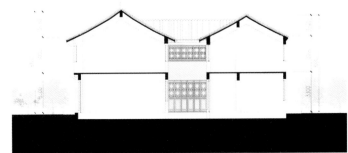

剖面图2

安徽科技学院产学研人才培养基地

Industry-Education-Research Talent Training Base of Anhui Science & Technology University

设 计 单 位：东南大学建筑设计研究院有限公司
建 设 地 点：安徽蚌埠
用 地 面 积：390112.6m²
建 筑 面 积：155416m²
设 计 时 间：2014.05—2014.10
竣 工 时 间：2018.01
获 奖 信 息：二等奖
设 计 团 队： 袁伟俊 刘辉瑜 徐 旴 李超竑 张哲境
　　　　　　 鲍迎春 俞菀茜 陶 金 彭 矗 王志兰
　　　　　　 葛启龙 赵鸿鑫 段大坤 杨媛茹 臧 胜

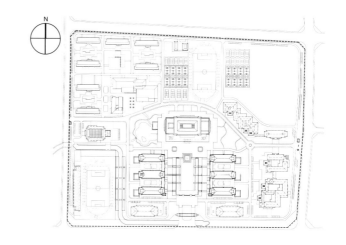

设计简介

地块所在的大学城靠近龙子湖畔，目前周边校园建筑均采用坡屋顶的造型，因此项目的风格定位为现代中式，建筑采用院落式布局，造型上利用高低错落的坡屋顶，营造错落有致、变化丰富的立面轮廓线，同时坡屋面十分有利于屋面防水与排水；建筑色调上以灰顶、浅色及暖色真石漆墙面配合金属与木材，形成典雅精致的校园文化建筑形象。

教学楼西南角

学生宿舍东南向人视

教学楼东南向人视

教学楼东向局部人视

教学楼南立面图

金湖县城南新区九年一贯制学校及附属幼儿园

Jinhu Chengnan New District Nine-Year School and Affiliated Kindergarten

设计单位：江苏省建筑设计研究院有限公司
建设地点：江苏淮安
用地面积：10.94ha
建筑面积：64282m²
设计时间：2014.09—2015.06
竣工时间：2017.12
获奖信息：二等奖
设计团队：王小敏　张　卉　刘　琦　张　滢　马　凯
　　　　　贾　锋　万洪芳　顾华健　谢洪恩　危大结
　　　　　陈　明　李　鸣　朱峥彧　陈　丽　龚海玲

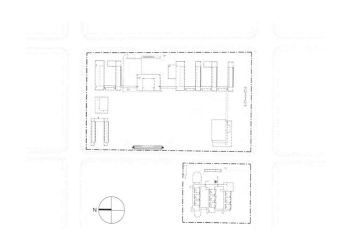

设计简介

立足教育的发展趋势，着眼可持续发展的客观要求，项目充分体现智能化、人文化、生态化的设计理念，以精美的造型、完善的功能为金湖提供一处功能完备、标准超前、凸显"中国荷都"地方特色的教育建筑。通过强调功能分区的清晰合理，空间组织的整体统一、有理有序，最终形成"两轴五院六片区"的格局。

D 楼、钟楼东立面

初中部西立面

食堂南立面

行政楼东南角

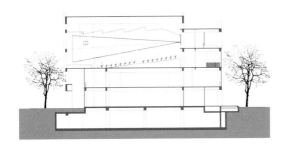

剖面图 1

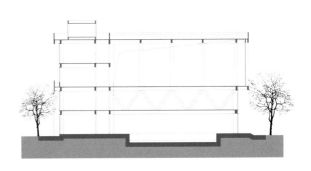

剖面图 2

南部体育公园
South Sports Park

设计单位：扬州市建筑设计研究院有限公司
建设地点：江苏扬州
用地面积：42810m²
建筑面积：34711m²
设计时间：2016.10—2017.01
竣工时间：2018.06
获奖信息：二等奖
设计团队：宦佑祥　华　华　缪小春　房　侠　季　群
　　　　　范腾佳　孙　琪　朱爱兰　张良闯　蒋慧华
　　　　　吴栾平　谭志祥　彭　睦　颜　粟　贾　培

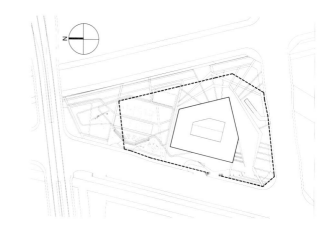

设计简介
场馆在功能上包括多功能篮球馆、游泳馆、中庭攀岩及轮滑场地、羽毛球馆，乒乓球馆、壁球馆以及配套用房。

中庭作为核心，所有功能环绕布置，巨大而开阔的中庭提供了视线各个方向的可达性。V形动感线条是建筑构成要素，形成大面连续的菱形，采用参数化设计的铝板和玻璃材质镶嵌在一个个双曲面的构造中，展现了其柔软的亲和力，宛若一副拉开的剪纸艺术品。

通过V形坡道首尾相连，在建筑外立面及中庭内，使拥有各自独立空间及标高的室内外场馆在水平上及垂直方向上相互连接，模糊了上与下、高与低、内与外，形成一个环绕场馆的"莫比乌斯环"通道。

西南透视

西南鸟瞰

中庭

游泳馆

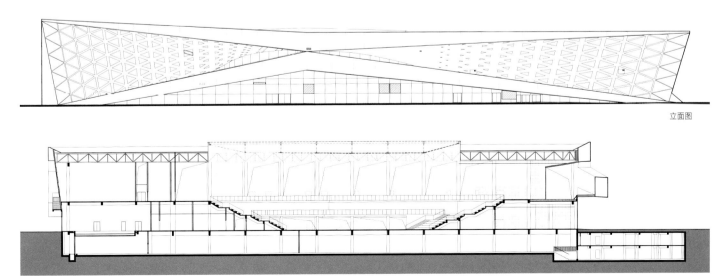

立面图

剖面图

南京市妇女儿童保健中心大楼

Nanjing Maternity & Child Health Care Center Building

设计单位：南京市建筑设计研究院有限责任公司

建设地点：江苏南京

用地面积：17184m²

建筑面积：77892m²

设计时间：2005.10—2008.04

竣工时间：2011.01

获奖信息：二等奖

设计团队：蓝　健　常　玲　沈劲宇　王　健　殷平平
　　　　　夏长春　李少荣　王　凌　丁　骏　杨　娟
　　　　　刘清泉　卢　颖　杜铭珠　陈凌云

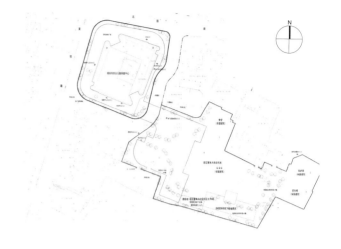

设计简介

项目为医疗建筑，功能包含门诊、保健、手术、产房、病房和培训办公等。大楼地上二十一层，地下四层。地上为医疗功能，建筑面积55799平方米，地下为车库及设备用房，建筑面积22093平方米，建筑高度87.2米。建筑主体结构类型为框架—核心筒结构。项目的建成极大地改善区域的医疗环境，提升医院整体品质，优化医疗资源。

鸟瞰

石鼓路交莫愁路透视

石鼓路交天妃巷透视

主立面

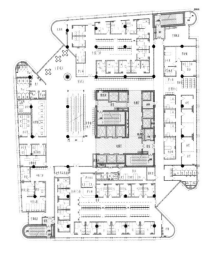

三层平面图1

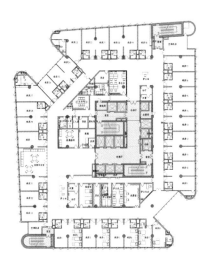

十二~十九层平面图2

新世界文化城美食街区
New World Culture City Food District

设 计 单 位：连云港市建筑设计研究院有限责任公司

建 设 地 点：江苏连云港

用 地 面 积：72500m²

建 筑 面 积：52649.3m²

设 计 时 间：2013.10—2014.02

竣 工 时 间：2016.03

获 奖 信 息：二等奖

设 计 团 队： 周　屹　朱海龙　邢媛媛　白金超　李　颖

　　　　　　 康世武　王方辉　马占勇　刘　涛　李文华

　　　　　　 李艳美　祁德峰　吴　婧　张　振　张剑平

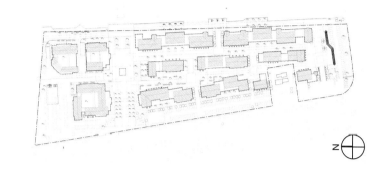

设计简介

项目总体功能定位为打造连云港高端的风情体验式商业街区，将休闲娱乐、购物、特色餐饮、酒店、创意等多种功能有机结合，成为辐射连云港新区的休闲商业活动中心区。项目通过联系周边的两个广场形成两个区，北侧为美食步行区，包括四条不同步行氛围的街区：滨水步行街（约 14 米宽）、内街（约 12 米宽）、宽敞的水街（18~20 米）；南侧为 VIP 会所区，为面向高端饮食，营造围合组团空间。建筑立面采用现代"民国风"式的建筑风格，外立面使用面砖和涂料，屋顶为局部坡顶，并根据整体空间设计成高低错落，采用明丽色彩使建筑立面更显阳光、健康，更为丰富，也更具人情味，颇具现代气息。设计强化了作为滨水建筑的形体变化和组合特征，使建筑群与东盐河融为一体，也成为远眺东盐河景观中的一部分。

鸟瞰图

滨水景观

食街内景

沿河透视

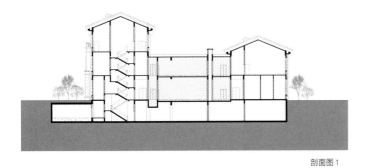

剖面图1

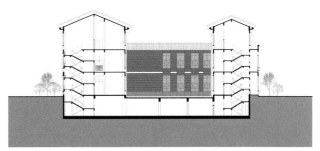

剖面图2

泰州市第一外国语学校

Taizhou No.1 Foreign Language School

设 计 单 位：东南大学建筑设计研究院有限公司
建 设 地 点：江苏泰州
用 地 面 积：99178m²
建 筑 面 积：78430m²
设 计 时 间：2014.05—2016.10
竣 工 时 间：2017.08
获 奖 信 息：二等奖
设 计 团 队：谭 亮　吕再云　曹 杰　王 剑　黄 明
　　　　　　吴晓枫　薛鹤鸣　李小芳　裴 峻　陈科杰
　　　　　　顾琰斌　赵利胤　方 圆　王 泽　程 春

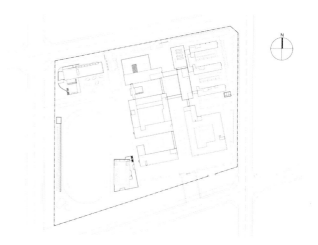

设计简介

校区包含 4 轨制幼儿园、7 轨制小学及 10 轨制初高中。设计挖掘地域文化思想，串联的院落隐喻了园林校园的设计理念，借鉴了传统园林的空间组织，通过体系化的空间组合，营造出起承转合的空间序列，形成错落有序的院落，让学生徜徉于具有人文特色的空间环境中，并在潜移默化中获得知识和文化的熏陶。

教学楼

体育馆

体育馆室内

幼儿园

立面图

常州市妇幼保健院、常州市第一人民医院钟楼院区项目

Changzhou Maternal & Child Health Care Hospital; Zhonglou District of the First People's Hospital of Changzhou

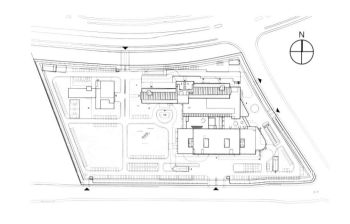

设 计 单 位： 常州市市政工程设计研究院有限公司
建 设 地 点： 江苏常州
用 地 面 积： 66640m²
建 筑 面 积： 120465m²
设 计 时 间： 2015.04—2015.09
竣 工 时 间： 2017.12
获 奖 信 息： 二等奖
设 计 团 队： 曹　马　刘　宁　顾志清　朱　坚　张　岱　吴颖科
　　　　　　翟　焕　徐小刚　王鸿斌　王　迪　付宗明　陆文磊
　　　　　　何　峰　王　莹　何　伟

设计简介

项目以"大专科小综合"为发展方向，是常州地区目前医疗设施最完善、技术水平最先进的以妇幼保健为主的三甲综合医院。医疗综合楼采用实时定位、集成床头终端、药品器械采购供应等最新的科技技术，使信息流既满足临床和自动化办公的需求，又与物流进行了融合和互通。本项目设置了大面积的中央核心景观绿化区和周边环境绿化，富有江南园林特色。同时建筑形态与内部空间也充分考虑妇幼医院的特色，在建筑内外色彩上确立了"明快、大方、温暖、和谐"的设计原则，形成统一和谐的医院总体色调。

医院局部

医院局部

医院局部

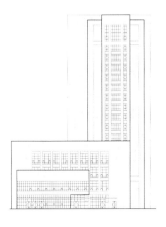

北立面

东立面

南京市浦口区市民中心
Nanjing Pukou District Civic Center

设计单位：江苏省建筑设计研究院有限公司
建设地点：江苏南京
用地面积：22243m²
建筑面积：73272.6m²
设计时间：2010.02—2012.12
竣工时间：2017.10
获奖信息：二等奖
设计团队：刘志军　刘畅然　吴　健　姚立军　周　鼎
　　　　　吴丹丹　赵　洁　王　端　章景云　闫云龙
　　　　　张　蒙　施凯琳　赵东方　陈　伟　李均基

设计简介

设计以江为题，取浦口之意，寓意沿江两岸繁荣发展，共创辉煌。

本项目功能繁多，流线复杂，"麻雀虽小五脏俱全"，然而有限的用地难以满足各个业主单位的独立需求。设计引入了综合体的概念，将功能进行归类细分，通过分层分区将各个功能融合进一个完整的综合体体系中；同时采用以长江为题的带形灰空间为轴，串起整个建筑，连接起体育、文化、行政服务等各个不同功能区；将场地原本与城市仅有的东侧界面引入场地内部，有效地吸引人流到达驻留，增加场内部的活力。各功能区彼此紧密联系又分区明确，流线清晰便捷并自成体系。

市民中心北侧入口

172

市民中心主入口

政务服务中心入口

市民广场

政务服务中心入口

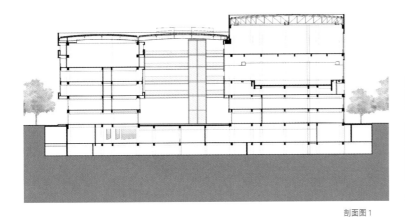

剖面图1

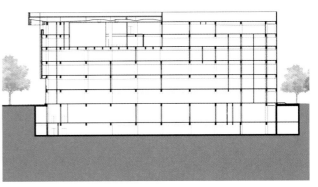

剖面图2

盐城高新区智能终端产业园总部研发区

R & D Zone of Intelligent Terminal Industrial Park Headquarters, Hi-tech District, Yancheng

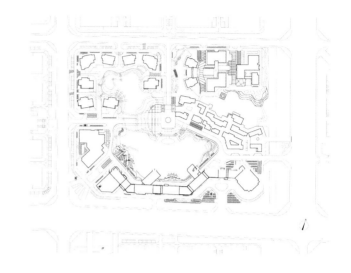

设 计 单 位：江苏铭城建筑设计院有限公司
　　　　　　深圳市汇宇建筑工程设计有限公司（合作）
建 设 地 点：江苏盐城
用 地 面 积：136450m²
建 筑 面 积：169990m²
设 计 时 间：2017.01—2017.06
竣 工 时 间：2018.06
获 奖 信 息：二等奖
设 计 团 队：沈星浩　张　忠　蒋爱国　刘彦杰
　　　　　　单绍云　陈　涛　宋　兵　姜　沛　丁　玉
合 作 团 队：祖万安　温　田　凡成栋

设计简介

项目本着"科技创新、创新活力、再创高峰"的设计理念，通过灵活自由的平面布置形式、充满想象的空间造型，体现现代高科技园区科技研发的创新活力；蜿蜒曲折的造型寓意园区发展的历程，挺拔耸立的建筑主楼寓意园区发展的新高度。总部大楼为园区企业提供科研办公、总部经济、企业培训、研发实验等全面功能服务，为高端产业取得突破性发展，起到了极大的促进作用。

透视图

中心庭院

东南透视

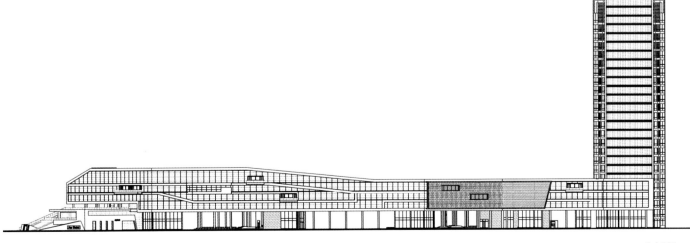

北立面图

常州港华燃气调度服务中心
Changzhou Ganghua Gas Dispatching Service Center

设计单位：东南大学建筑设计研究院有限公司

建设地点：江苏常州

用地面积：9320m²

建筑面积：31470m²

设计时间：2013.02—2014.02

竣工时间：2017.08

获奖信息：二等奖

设计团队：高庆辉　李大勇　袁伟俊　石逸群　朱筱俊

　　　　　张咏秋　柏　晨　龚德建　王　凯　顾奇峰

　　　　　沈国尧　施明征　刘　俊　臧　胜　唐超权

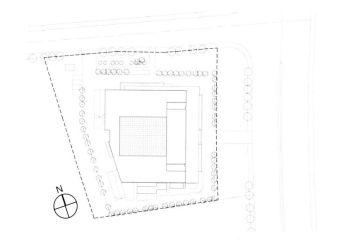

设计简介

燃气行业的度量单位往往以"立方米"为单位，在长江中路这样一个重要城市道路节点上，打造这样一个"立方体"形态来突出企业形象，同时暗喻燃气公司的企业性质。本项目运用常规建造技术结合生态节能理念，在建筑的南侧3~5层以及北侧6~8层分别设计了两个半室外的绿化庭院与中庭相通，并使用了多种技术措施，使建筑内部的办公空间达到高舒适度与节约能效的双重目的。

南立面局部（书吧）

室外露台

南向半鸟瞰望城市绿野

西南角人视

南侧水池局部

中庭采光天窗

中庭室内透视（东立面）

中庭室内透视（西立面）

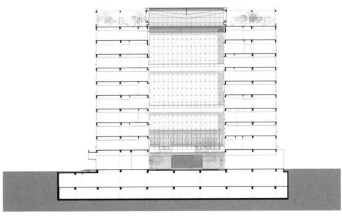

剖面图1

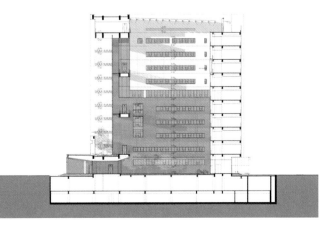

剖面图2

常州科技金融中心
Changzhou Technology & Finance Center

设计单位：江苏筑森建筑设计有限公司
建设地点：江苏常州
用地面积：7043m²
建筑面积：130201m²
设计时间：2014.05—2017.04
竣工时间：2017.11
获奖信息：二等奖
设计团队：符光宇　赵　刚　姜立勇　李　婷　胡骄阳
　　　　　姚一辰　丁筱竹　屠智琰　王建军　丁　俊
　　　　　管　宏　宋　颖　王　卿　吕旭梅　陈　勋

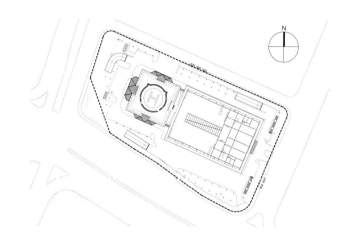

设计简介

项目由总高度 150 米的超高层塔楼和 28 米裙房组成，采用了非常少见的空间桁架 + 钢筋混凝土核心筒结构体块。塔楼由四组 150 米高的桁架（钢桁架之间没有横向的连接）组成，立面的斜向线条是真实的结构构件，穿层斜钢柱的连接件节点已取得专利。刚挺的直线、斜线贯穿项目的始终，大空间楼层可以创造出宽阔的无柱空间。

项目整体外观

正面展示

局部斜撑

局部斜撑

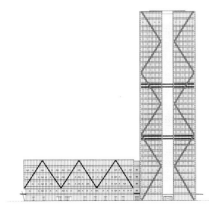

立面图

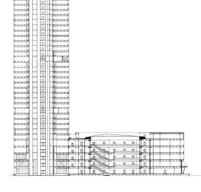

剖面图

江苏出入境检验检疫综合技术实验用房

JiangSu Inspection&Quarantine Office Laboratory Complex Concept Design

设 计 单 位：中衡设计集团股份有限公司
澳大利亚 J.P.W 建筑事务所（合作）

建设地点：江苏南京

用地面积：28752m²

建筑面积：593414.4m²

设计时间：2010.02—2013.05

竣工时间：2016.06

获奖信息：二等奖

设计团队： 史　明　杨昭珲　唐　镝　高　黎　陆学君
谈丽华　陈晓清　孟海燕　薛学斌　倪流军
朱小方　张　勇　姜肇锋　张　斌　傅卫东

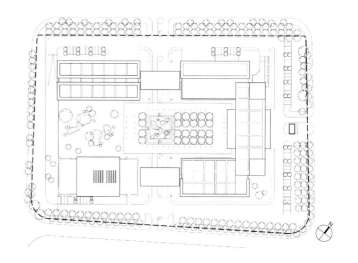

设计简介

设计的目标是为江苏出入境检验检疫局设计一座能代表其企业形象和目标的建筑，为员工提供健康舒适的工作环境。新的检验检疫综合楼位于南京新城科技园，本着满足任务书对成本效率最大化的要求，此建筑群旨在获取一种校园式的办公建筑风格，为员工和来访者提供多样化的开敞空间和景观绿化的花园环境。

沿街透视

沿街透视

沿街透视

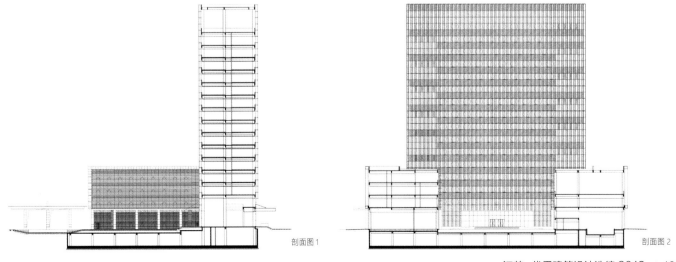

剖面图 1

剖面图 2

江苏舜天国际集团研发中心二期工程

Jiangsu Shuntian International Group R & D Center Phase II

设计单位：东南大学建筑设计研究院有限公司
建设地点：江苏南京
用地面积：162853m²
建筑面积：60169m²
设计时间：2009.01—2011.06
竣工时间：2017.12
获奖信息：二等奖
设计团队：钱　锋　庄　昉　黄　明　龚德建　钱　锋
　　　　　孙　毅　张　磊　许立群　郭洋波　刘又南
　　　　　顾奇峰　范大勇　唐超权　马志虎　刘　俊

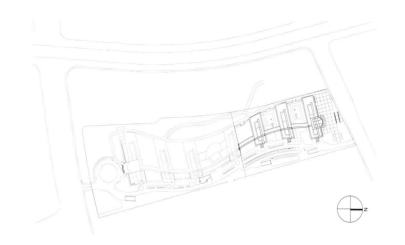

设计简介

项目由三栋条式建筑群组成，是江苏舜天国际集团的研发办公用房，同已经建成的一期工程融为一体，由一条婉若游龙的大连廊串联在一起，外观既灵动又有秩序。建筑空间内外渗透，虚实相宜。融合了古典主义的庄重、精美与现代主义的简洁明快，以丰富的空间渗透、变化，传承江南建筑的灵动与细腻，符合绿色建筑的设计要求，展示新时代开拓与创新。

南侧鸟瞰

室内效果

入口细部

细部效果

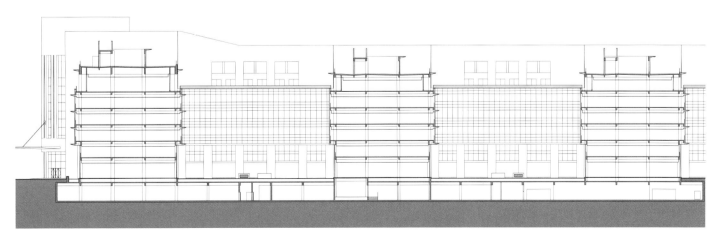

B-B 剖面图

仙鹤门小学整体建设工程

Overall Construction Project of Xianhemen Primary School

设 计 单 位：江苏省建筑设计研究院有限公司
建 设 地 点：江苏南京
用 地 面 积：28276m²
建 筑 面 积：34638m²
设 计 时 间：2014.05—2014.07
竣 工 时 间：2015.12
获 奖 信 息：二等奖
设 计 团 队：汪晓敏　张　坤　王宁明　翟毓卿　赵　筝
　　　　　　赵建华　丁　李　刘　杰　郝　娟　王晓军
　　　　　　范晨芳　李林枫　徐　徐　卞　捷　殷　岳

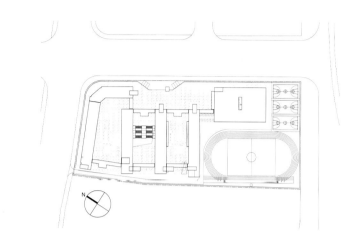

设计简介

项目位于南京主城城东仙林板块，远眺紫金山风景区。"四合院"建筑体现了中国人对空间环境的理解，"口"字形的校园建筑布局，形成各年级组团相对独立的公共交往空间，打造小学校园的"合"空间，营造和谐校园的归属感。利用风雨廊串联各教学院落组团，形成半围合空间及灰空间，把师生的活动学习场所从室内延伸到室外，结合庭院景观小品，进一步延伸至整个校园空间。

东侧鸟瞰

风雨操场人视

教学楼人视

庭院空间

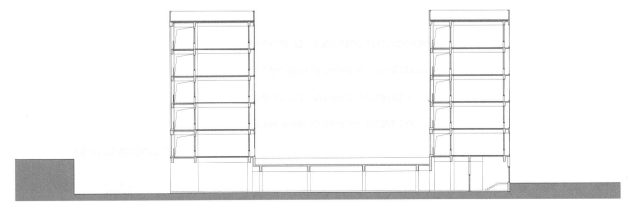

剖面图

2019

江苏·优秀建筑
设计选编

城镇住宅
和住宅小区

Urban Houses and
Residential Areas

丁家庄二期（含柳塘）地块保障性住房项目（奋斗路以南 A28 地块）

Dingjiazhuang Phase II A28 Plot Affordable Housing

设计单位：南京长江都市建筑设计股份有限公司
建设地点：江苏南京
用地面积：22771.79m²
建筑面积：94121.02m²
设计时间：2014.03—2016.05
竣工时间：2018.01
获奖信息：一等奖
设计团队：张　奕　王　畅　吴　磊　彭　婷　吴敦军
　　　　　顾　巍　谭德君　江　丽　周　健　王海龙
　　　　　向　彬　俞世坤　杨　剑　何玉龙　卞维锋

设计简介

设计通过跨地块内街模式，连接居住片区与丁家庄地铁站点，沿途创造步行化、社区化、多元化的城市配套服务洁面，实现住商融合、资源节约、交通便捷、服务共享和人文体验五大方面"可感知"的公租房融合街区。

底层裙房设计重点打造五分钟生活圈，建筑通过引导广场、社区客厅、沙龙舞台、连桥渡廊及休憩岛等多节点塑造丰富宜人的楼下漫步空间。裙房商业可就近创造一定的就业机会及工作条件，并提供技能培训空间，是社会公平、缩小贫富差距的重要体现。

本地块全 918 套公租房均采用唯一标准户型，标准化程度 100%。利用标准化户型模块实现小户型住宅、适老型住宅、创业式办公的多功能可变，满足建筑全生命周期需求。住区融合了商业、教育培训、居住、社区养老等社区功能，实现多种资源的共享和利用。

采用基于行为学的小空间布局进行装配式内装设计，集成厨房、卫浴设计等，达到 100% 全装修。

在造价可控的前提下，充分研究装配式外墙肌理，采用预制梯形阳台、预制三合一肌理山墙及 GRC 肌理外挂墙板的有机组合，形成流畅统一的视觉艺术效果。

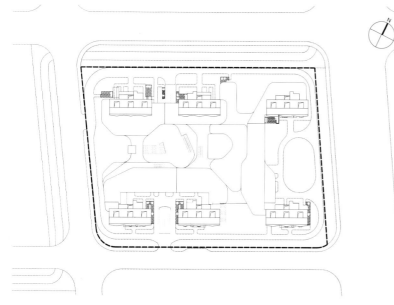

建筑细部

寅春路沿街

西侧街区主入口

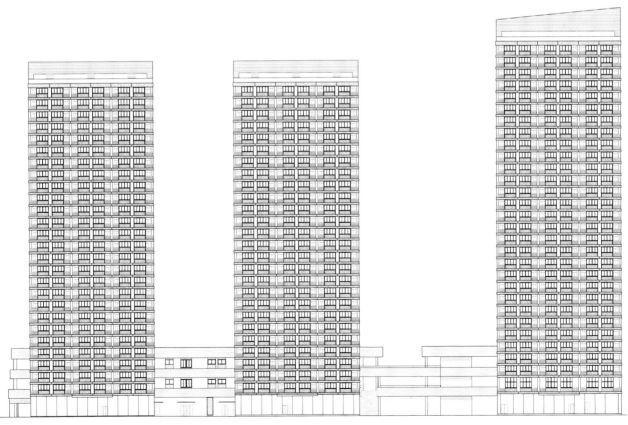

南立面图

徐州雨润太阳城慈善山庄

Xuzhou Yurun SunCity Charity Villa

设计单位: 徐州市建筑设计研究院有限责任公司
建设地点: 江苏徐州
用地面积: 120167m²
建筑面积: 72600m²
设计时间: 2014.08—2016.02
竣工时间: 2017.02
获奖信息: 一等奖
设计团队: 宗世春　刘　晶　余欣欣　谢利民　王　东
　　　　　　屈　良　刘　霞　徐　勇　曹树文　韩　聪
　　　　　　韩寿林　刘亚鹏　张玉军　高建智　刘　滨

设计简介

项目所在的吕梁山风景区境内山水相连,生态良好,历史悠久,文化底蕴浓厚,坐拥快捷便利交通体系,是城市不可多得的前庭花园。基地紧邻白塔湖水库,并有河流流经基地北侧。在尊重周边城市环境和总体规划要求的前提下,充分利用地块资源,在有用的条件下合理规划布局,打造高品质的养老社区。尊重徐州及白塔湖地区传统历史文脉,借鉴中式传统居住经验,结合现代生活需求,在建筑空间和形态上创造有中国传统人居文化特征的现代住区。根据规划条件和基地区域空间特点,总体布局西高东低,东南侧为地块主要出入口,地块内设置一条从东南到西北方向的公共活动中轴线,串联整个基地内的核心养老设施。基地整体空间规划传承传统中式聚落外部空间,形成特点鲜明的"街""巷""院"三级外部空间结构。并以组团作为基本单位,精心雕琢组团内的街巷空间,引入水巷,营造具有灵性的传统中式居住特有的场所精神。

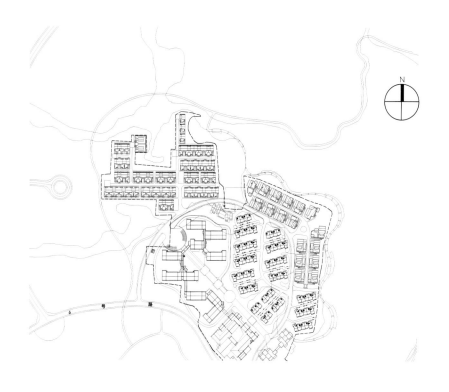

项目总体鸟瞰

小区入口

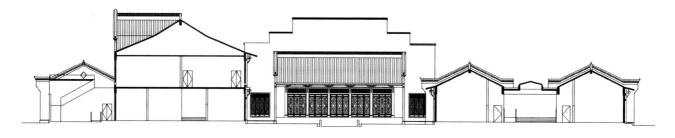

亲心苑剖面图

节点 · 韵律

节点 · 韵律

屋面肌理

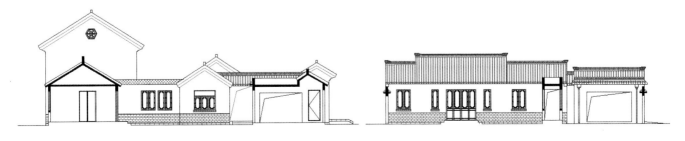

亲漪居剖立面

金匮里 1A#1B# 地块
Plot 1A & 1B, Jinkuili

设计单位：无锡市建筑设计研究院有限责任公司
Pelli Clarke Pelli Architects; B+H Architects（合作）

建设地点：江苏无锡

用地面积：62145m²

建筑面积：238807m²

设计时间：2011.02—2018.06

竣工时间：2018.06

获奖信息：二等奖

设计团队：杭大熙　杨止明　顾岳清　徐治成　钱　加
　　　　　刘东旭　蒋梦麟　钦建新　黄　慧　王　伟
　　　　　高　歌　伍　俊　钱　庆　孙旦军　吴　亮

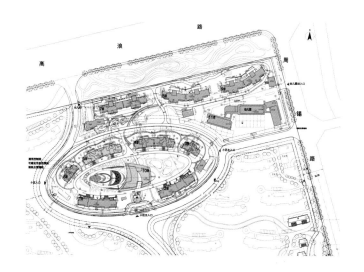

设计简介

项目地块位于无锡市太湖新城的中心位置，处于市民中心东北方的黄金地段，西邻金匮公园，南望太湖山水，尽享太湖新城丰富的湿地资源和一线绿化景观。本项目包括 45+1 层板式超高层单体 3 栋，13+1 层板式高层单体 2 栋，12+1 层高层单体 2 栋，7+1 层中低层单体 2 栋，3 层幼儿园 1 栋，一层会所 1 栋及附建式地下汽车库 1 个，共计 11 个单体建筑，设有人防地下室。

小区鸟瞰

中央花园

小区局部

小区局部

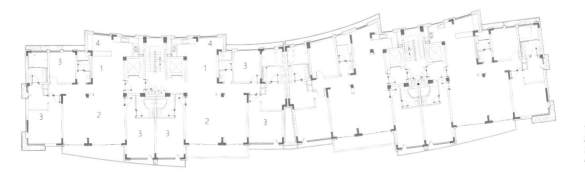

1. 餐厅
2. 客厅
3. 卧室
4. 设备阳台

三～五层平面图

江阴虹桥碧桂园

Jiangyin Hongqiao Country Garden

设计单位：江苏中锐华东建筑设计研究院有限公司
建设地点：江苏江阴
用地面积：218506.92m²
建筑面积：286241.37m²
设计时间：2016.10—2017.04
竣工时间：2018.06
获奖信息：二等奖
设计团队：王 伟 冯丽伟 张晓华 冋沁彧 沈 楚
　　　　　卞 奕 沙乃健 袁 清 陈 科 王新宇
　　　　　俞烈涛 桓少鸣 于 丹 张震宇 刘江军

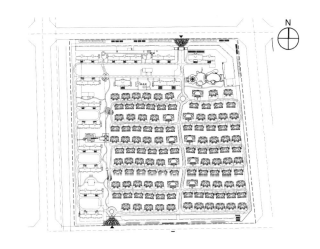

设计简介

项目旨在营造景观、景向结合、步移景移的四度空间生态社区；在设计中加强户外步行系统与绿化空间的整合，创造丰富的视觉效果变化和趣味性的户外休闲空间，使更多的居民获得良好的"朝向"与"景向"。同时，小区住宅空间布局的合理性、住宅风格的创造性、室内外环境的超前性体现本设计独特的个性特点，是有理想的、有品位的生态型、个性化住宅开发实践。

小区局部

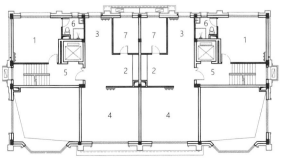

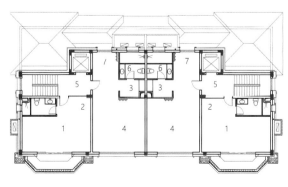

1. 卧室
2. 衣帽间
3. 玄关
4. 主卧
5. 候梯厅
6. 卫生间
7. 储藏间

二层平面图

1. 卧室
2. 衣帽间
3. 玄关
4. 次卧
5. 候梯厅
6. 卫生间
7. 书房

三层平面图

苏地 2016-WG-65 号地块项目（一期）——万科大象山舍
Suzhou Plot 2016-WG-65 Project(Phase I)——Vanke Elephant Mountain House

设 计 单 位： 启迪设计集团股份有限公司
SCDA ARCHITECTS PTE. LTD.（合作）
上海致逸建筑设计有限公司（合作）
建 设 地 点： 江苏苏州
用 地 面 积： 138470.00m²
建 筑 面 积： 320126.84m²
设 计 时 间： 2016.12—2018.04
竣 工 时 间： 2018.06
获 奖 信 息： 二等奖
设 计 团 队： 顾苗龙　王智勇　李　刚　司　鹏　从修兰
钱文涛　梅　惠　张劢菁　张诗婷　袁雪芬
钱忠磊　钟　晓　张　帆　高展斌

设计简介

本案设计采用目前国际流行的居住区设计思路，综合运用了生态学和城市设计理论的优秀概念，以建立独具特质而自由亲和的人居环境。整个规划形态南低北高，最大程度地布置景观庭院，保证了每栋高层视觉享受，提升了小区内部的生活品质。引入先进的绿色科技住宅体系，节能环保，尊重生态环境，符合可持续发展理念。建筑外立面以简洁、现代风格为主，凸显城市活力。

叠墅人视

会所透视

中央景观

南立面

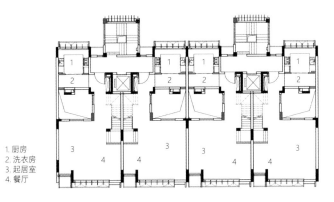

1. 厨房
2. 洗衣房
3. 起居室
4. 餐厅

平面图

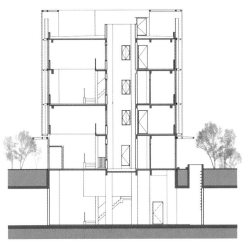

剖面图

淀湖·北岸

North Shore Of Dian Lake

设 计 单 位：苏州华造建筑设计有限公司
建 设 地 点：江苏昆山
用 地 面 积：10000m²
建 筑 面 积：145000m²
设 计 时 间：2013.06—2013.08
竣 工 时 间：2018.05
获 奖 信 息：二等奖
设 计 团 队：张伟亮　韩　喆　袁俊奇　张海国　徐艳平
　　　　　　方　杰　魏　巍　陈劲丰　黄　玮　黄闽莉
　　　　　　罗志华　陈　媛　张晓刚　黄斌斌　倪瑞源

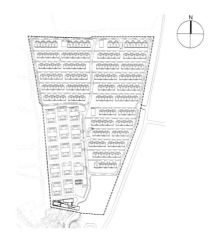

设计简介

项目以联排别墅为主，叠拼别墅为辅。联排别墅面宽 4.2 米，层高 3.0 米，首层 3.6 米，采用前后院双院落模式。叠拼别墅分层设置不同户型，保证每户拥有自然采光天井（露台），户与户之间错落有致，布局灵活。建筑宅间围合秉承合院文化，回归传统邻里生活方式，三重空间布局，着重细节品质，营造精致禅意合院空间。针对现代中式主题打造宅间合院，空间关系丰富、富有情趣，用空间的合理划分来弥补公共绿地面积分散的缺陷。

小区局部

配套透视图

山墙透视图

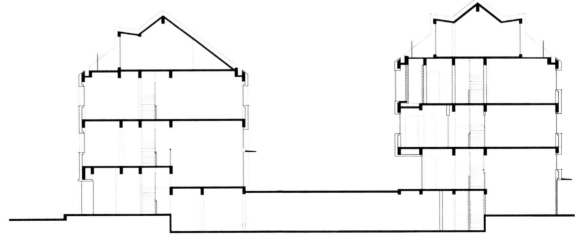

剖面图

高科荣境品苑 A2 地块二期
Gaoke Rongjinpinyuan Plot A2 (Phase II)

设 计 单 位：南京金宸建筑设计有限公司
建 设 地 点：江苏南京
用 地 面 积：28.87 万 m²
建 筑 面 积：51.97 万 m²
设 计 时 间：2014.02—2016.12
竣 工 时 间：2018.12
获 奖 信 息：二等奖
设 计 团 队：陈跃恒　字扣惊　刁正飞　焦　昱　张　玥
　　　　　　王　浩　朱小琪　徐从荣　朱晓文　石　英
　　　　　　郝　民　王海江　陈玉全　吴　喆　丁明媚

设计简介

项目位于南京市栖霞区，地块形状规整，内部地势南低北高，北部有山体。在地块的北侧设置商业、会所及物业配套，将北侧道路打造成生活型的商业街，达到整体设计与周围地块共生。地块内部建筑规划以围合的姿态和丰富的空间变化，承载城市人文和组团式社区友居生活。同时强调组团庭院景观建设，以满足不同的居住空间对不同的景观感受需求，营造一个步移景异的园林社区。

小区花园

住宅人视图

会所人视图

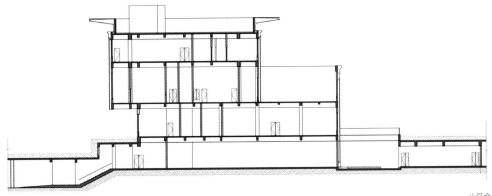

小区会所剖面图

原山雅居 2.1–2.3 期建设工程项目

Yuanshan Yaju Phase 2.1-2.3 Construction project

设 计 单 位：江苏筑森建筑设计有限公司
建 设 地 点：江苏常州
用 地 面 积：78576m²
建 筑 面 积：84881m²
设 计 时 间：2016.12—2017.01
竣 工 时 间：2018.05
获 奖 信 息：二等奖
设 计 团 队：彭伏寅　狄永琪　刘庭定　程晓理　张润宇
　　　　　　王　琛　糜彰健　刘建东　蒋　吉　吴　刚
　　　　　　龚飞雪　毛统斌　席文庆　郝　越　刘　翀

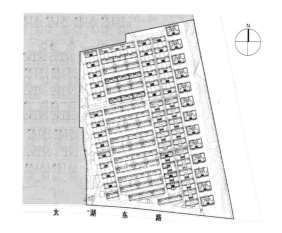

太　湖　东　路

设计简介

项目以联排住宅为单体，通过三种不同组合方式形成的住宅区。整个小区通过"街—巷—院—门"的思想，有机地将所有住宅整合在一起，给业主有更多的选择空间，同时也丰富了小区内建筑的造型，使之多元化与现代化。居住区沿南北方向设置中轴景观带，将休闲广场、体育活动场地等节点连为一体，形成一条连续的景观轴线，从而创造一个高端而优美的居住环境。

景观道路

休息回廊

私人庭院

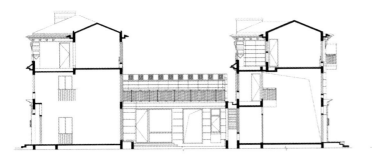

剖面图1

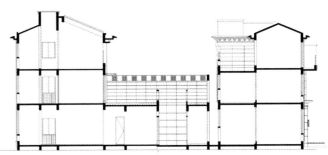

剖面图2

江苏旷达太湖国际颐养庄园一期

Jiangsu Kuangda Tai Lake International Elderly Manor, Phase I

设计单位：江苏筑原建筑设计有限公司

建设地点：江苏常州

用地面积：73353m²

建筑面积：84300m²

设计时间：2013.08—2013.12

竣工时间：2017.07

获奖信息：二等奖

设计团队：韩文兵　赵建锦　费文洁　朱思渊　张善锋
　　　　　陈福通　潘　东　吴泰民　方劲辉　陈　卫
　　　　　谢志俊　周　程　崔永东　龚春年　刘　鑫

设计简介

项目定位为江南颐养社区，以中、高端消费群体为主，以常州区域为核心，辐射长三角区域；规划理念为"公园里的老年社区"，以邀贤山森林公园为背景，融入江南民居的建筑风格，构筑水墨江南的意象；社区营造注重生态、自然、舒适、安全的开放空间，为老年人创造身心健康的社区环境。

沿河透视

河岸步道

颐养中心

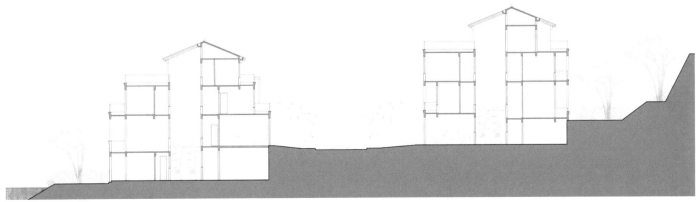

剖面图

中海凤凰熙岸三期
Fenghuang Xi'an Phase Three

设计单位：江苏筑森建筑设计有限公司

建设地点：江苏常州

用地面积：46400m²

建筑面积：226700m²

设计时间：2015.06—2016.06

竣工时间：2018.01

获奖信息：二等奖

设计团队：程晓理　张　震　高桥湘　杨金平　王　伟
　　　　　狄永琪　邵玲琪　吴　燕　谈　萍　许　斌
　　　　　冯　燕　郝　凯　毛统斌　朱天文　杨　露

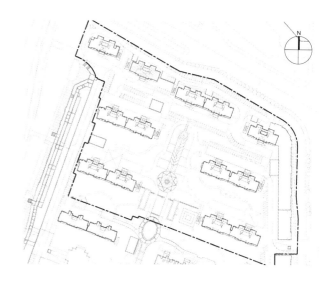

设计简介

居住区沿南北方向设置中轴景观带，将休闲广场、体育活动场地等节点连为一体，形成了连续的景观轴线，各组团之间又设置数个景观节点，将景观引入生活之中，创造一个高端而优美的居住环境。建筑和组团之间分布了路网和归家小路，使得居住区内的交通高效且便捷。丰富的景观节点为居住区内的用户营造了一个美好的生活环境。

西南鸟瞰

小区绿化

小区绿化

小区绿化

1. 客厅
2. 餐厅
3. 厨房
4. 卧室
5. 书房
6. 空中花园
7. 阳台
8. 卫生间

一层平面图

1. 客厅
2. 餐厅
3. 厨房
4. 卧室
5. 书房
6. 空中化园
7. 阳台
8. 卫生间

标准层平面图

南京保利天悦

Nanjing Poly Tianyue

设 计 单 位： 南京长江都市建筑设计股份有限公司
建 设 地 点： 江苏南京
用 地 面 积： 32100m²
建 筑 面 积： 89400m²
设 计 时 间： 2016.03—2016.09
竣 工 时 间： 2018.06
获 奖 信 息： 二等奖
设 计 团 队： 干克明　徐明辉　毛黎明　张　磊　江　丽
　　　　　　胡乃生　史蔚然　卞华阳　徐　惠　来子予
　　　　　　濮炳安　黄　远　王亚威　汪　凯　国君杰

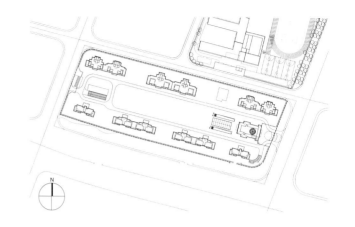

设计简介

项目保留了古典主义风格中的材质、色彩，同时摒弃复杂的肌理和装饰，以规整的轴线和阵列为环境带来强烈的仪式感，将人性的尺度和细节的考究纳入整体考量，将经典的艺术形象植入景观，大胆运用植物与建筑材质混搭，以非常规的表现形式营造出尊贵大气又极富艺术感的空间感受。

项目设计主旨在于强调递进式归家感受。第一进前广场中心欧式水景形成场景中的视觉焦点；第二进小区会所，吊顶借鉴南京古建的层层飞檐，中心穹顶灵感取自万神殿，以四面大型的弧面石材柱围绕，进一步加强了客户仪式感的体验；第三进围绕景观设计的"莫奈睡莲花园"展开，大面的浅水景观、独特的艺术装饰，以及强烈的轴线感，让客户的仪式感体验无限延伸。莫奈睡莲池作为下沉庭院的天窗，为宽阔的泳池打开了第三面采光。

水景花园

全景透视

建筑单体

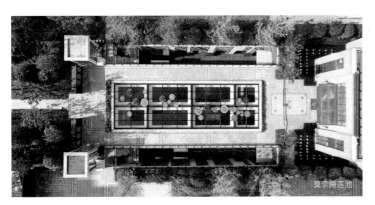

莫奈睡莲池

小区入口

南京鲁能 7 号院

Nanjing Luneng No.7 Yard

设计单位：南京长江都市建筑设计股份有限公司

建设地点：江苏南京

用地面积：79500m²

建筑面积：95400m²

设计时间：2016.03—2016.07

竣工时间：2018.04

获奖信息：二等奖

设计团队：干克明　卞华阳　朱善强　刘志寅　刘　颖
　　　　　顾春雷　徐明辉　刘东海　徐　惠　史蔚然
　　　　　毛黎明　黄　远　韩葆铨　巫可益　王东旭

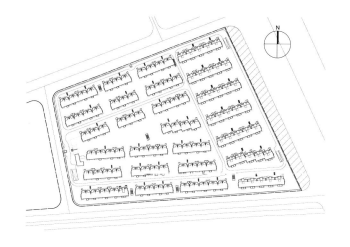

设计简介

在总体规划上，楼栋之间利用院落及退台关系最大限度地拉大间距，形成宽阔的开敞面，既满足日照要求，又兼顾了内部单体的景观视野，同时也创造出舒适的空间尺度和丰富变化的天际轮廓。以一条景观纵轴结合出入口延续与引入周围现有绿化及中心公园景观，然后根据纵轴打造富有层次的院落空间。利用院墙及景观围合贯通小区的公共院落（中心大花园），经由公共庭院进入组团间的私密院落通过细腻的院落层次形成建筑排布。

所有户型在首层通过庭院独立入户，顶层复式按 1.3 倍日照间距控制，既满足了日照要求，又同时得到大面积露台及局部坡屋顶挑高效果，丰富产品立面。底层的地下活动空间通过下沉式庭院设计通风、采光。每户业主均有电梯入户，通过核心筒的设计创新，实现住户公摊面积最小化。

本项目的建筑设计风格采用的是新民国风格。强调整体的比例、尺度以及建筑细部的处理，立面设计中以石材为主，结合金属饰面，通过现代的建筑语言，表达古典的比例与视觉效果，塑造了简约时尚又不失尊贵感的住区形象。

建筑单体

全景透视

建筑单体

建筑单体

室内细节

全景透视

南通万科大都会花园

Nantong Vanke Metropolis Garden

设 计 单 位：南京长江都市建筑设计股份有限公司
建 设 地 点：江苏南通
用 地 面 积：4000m²
建 筑 面 积：307200m²
设 计 时 间：2016.05—2017.08
竣 工 时 间：2018.06
获 奖 信 息：二等奖
设 计 团 队：史蔚然　江　韩　朱善强　刘　强　杨　芳
　　　　　　范青枫　卞华阳　董俊臣　刘东海　苏瑞杰
　　　　　　濮炳安　王亚威　张　璐　杨承红　韩雅银

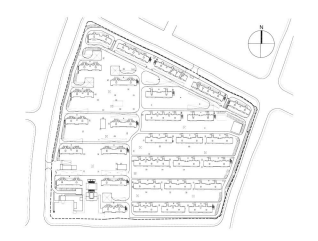

设计简介

针对扁长的用地，项目采用两条纵横交织的景观轴贯穿整个小区的空间，并形成两个"田"字形的空间布局，使各栋住宅相互围合，共享景观资源。总体空间疏密有致，良好地规避了该用地的局限所产生单一的空间环境。户型设计动线合理，寝、居、餐、学习、娱乐等各功能分区明确，互不干扰。造型设计上采用新古典主义特色的现代风格，更加沉稳内敛。项目获得绿色二星设计标识，采用工业化预制楼梯、预制叠合板等新工艺，采用免抹灰的地面及外墙一次成型建造方式，100%的成品房设计节材、环保，成为住宅产业现代化的设计典范。

建筑细部

全景透视

建筑单体

小区主入口

唯观路 88 号（万科 · 大家）

Weiguan Street No.88 (Vanke · Dajia)

设计单位：苏州科技大学设计研究院有限公司
建设地点：江苏苏州
用地面积：5.15 万 m²
建筑面积：6.26 万 m²
设计时间：2016.07—2017.04
竣工时间：2018.06
获奖信息：二等奖
设计团队：朱葛江　殷　新　曹亦飞　孙　舟　周　杰
　　　　　张　皓　王　猛　张　隆　丁　蕾　朱钰林
　　　　　张盼盼　桂庆智　王　楠　李文霞　刘海峰

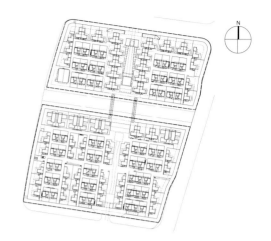

设计简介

项目打破传统空间的界限，尽享区域资源，坐拥三重空间格局，满足了人对于"城市繁华""山水自然"及"庭院"空间的需求。在空间上营造融通场域与边界，在简约意义上融通文化与实存。同时利用这种多重院落的组合布局形式入口序列的构成，将整个社区环境统一为一个整体。简洁大气的屋檐之下，建筑四面通透轻盈，将视线引向四周景观，体现建筑的简洁现代之美。

小区局部

小区局部

小区局部

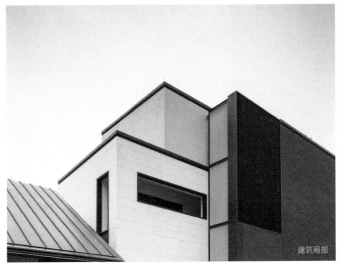

建筑局部

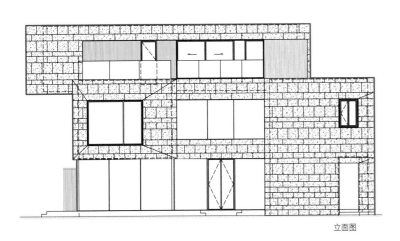

立面图

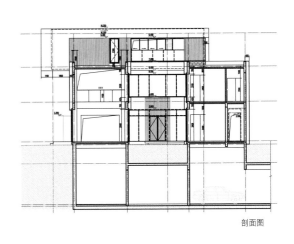

剖面图

月亮湾度假山庄（一期工程）
Moon Bay Resort Villa (Phase I Project)

设 计 单 位：江苏华海建筑设计有限公司
建 设 地 点：江苏省徐州市
用 地 面 积：12.97万 m²
建 筑 面 积：8.60万 m²
设 计 时 间：2015.03—2015.05
竣 工 时 间：2016.01
获 奖 信 息：二等奖
设 计 团 队：李 伟　张亚南　赵梦珂　吴 焙　程 旭
　　　　　　杨伟杰　王 磊　徐 峰　衡 欣　张 洁（男）
　　　　　　周庆敏　张晋阁　张景秋　李 亚　张 洁（女）

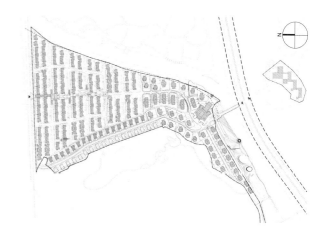

设计简介

度假山庄采用新中式建筑风格，全部拥有前后景观庭院，层层后退景观大露台，可以更好地融入周边环境。立面采用干挂石材和暖色面砖镶嵌的手法，以米白、淡黄、淡灰等颜色加上底部储色石材，使建筑显得挺拔厚重，尊贵高雅。屋面采用平顶加塔楼的形式，设计较为简洁。景观充分考虑与建筑之间的关系，形成不同的空间序列使其有机结合。设置内部庭院景观，使更多户型享有自然景观资源。

西北透视图

西南透视图

立面细部

庭院大门

桃花源里

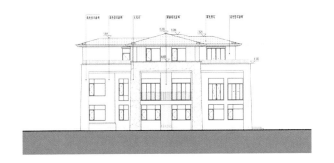

立面图 1

立面图 2

南京吉庆房地产有限公司 NO.2008G18-2 地块项目

Plot No. 2008G18-2 project of Nanjing Jiqing Real Estate Co., Ltd.

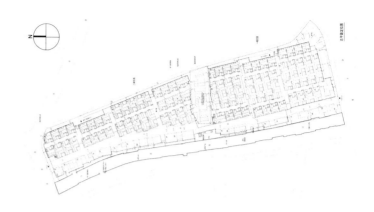

设 计 单 位：南京中艺建筑设计院股份有限公司
建 设 地 点：江苏南京
用 地 面 积：41710.2m²
建 筑 面 积：83159.46m²
设 计 时 间：2015.01—2016.09
竣 工 时 间：2019.08
获 奖 信 息：二等奖
设 计 团 队：邓　勤　陈　伟　蒋　蔚　于　刚　祁　岭
　　　　　　周　峰　鲁　松　姜　坚　石小岑　黄　静
　　　　　　王鹏超　钮　嘉　董国康　郑　瑾　张玉凤

设计简介

该项目位于江苏省南京市秦淮区中山南路501号，地块位于颜料坊以西、集庆路以北、秦淮河以东、洋珠巷以南，属于历史文化名城保护规划中的城南历史城区范围。项目规划功能以院落住宅为主，结合配套商业设施，形成街巷感强的独特社区。该项目规划布局延续历史文脉，顺应地块条件，设计为街巷式多重院落空间，复现传统江南居住空间的院落文化。在建筑设计中，住宅部分全部为院落式独门别墅，立面形式融合江南民居风格，粉墙黛瓦。街—巷—支巷的道路体系延续了历史上南京街坊的概念，有利于"牛市街""童子巷"等文化遗留的复建与修缮。沿河、沿街商业立面与周边建筑相融合该项目细节设计层次分明，展现富有地方历史文化特色的建筑风貌。该项目在保留现有古树名木的基础上，设计形成立体化的景观空间环境，并发挥毗邻秦淮河的优势，引入水景、构建亲水设施，体现江南水乡的文化意境。

庭院

庭院

庭院

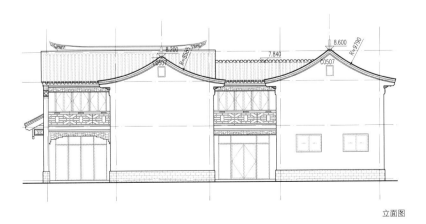

立面图

苏地 2014-G-25(1) 号地块
Suzhou Plot 2014-G-25(1)

设 计 单 位：江苏博森建筑设计有限公司
建 设 地 点：江苏苏州
用 地 面 积：33443m²
建 筑 面 积：116286m²
设 计 时 间：2016.04—2016.07
竣 工 时 间：2017.11
获 奖 信 息：二等奖
设 计 团 队：刘 军 干仲建 杏彤彤 孙 卫 谢美红
　　　　　　高 宇 任 渊 阙晓卫 仇德高 孙小清
　　　　　　翟亚莲 李 妮 欧志刚 何协欢 戴 磊

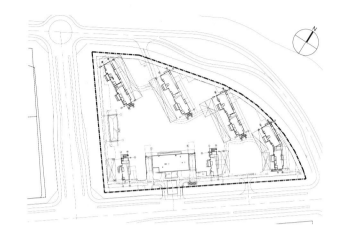

设计简介

项目位于苏州市吴中区太湖新城的东侧，横跨水湾的苏州湾大桥与松陵大桥交汇在地块的一侧，使地块的位置多了一层耐人寻味的属性——不仅占据着突出的交通与景观资源，更是认知意义上的吴中新城"边界"所在。

立面采用源自现代制造工业的铝合金材料，具有轻质且富光泽的特征，符合一种超越时间的当代气质。通过比例的推敲，加强了折板的形体对比，突出材料的表现力。组合得当的立面材料语言完成了不逊色于全玻幕墙的"当代感"演绎，"它应是轻盈、光亮的，向途经的人们传递一种面向当代的居住愉悦"。

西北鸟瞰

眺望城市湖景

湖景阳台

区中心景观

住宅立面图1

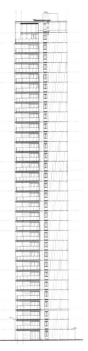

住宅立面图2

景瑞·御府

Jingrui · Yufu

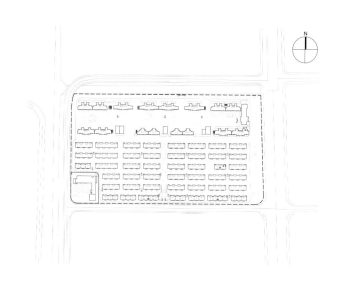

设 计 单 位: 江苏筑森建筑设计有限公司

建 设 地 点: 江苏南通

用 地 面 积: 11.9096ha

建 筑 面 积: 26.20万 m²

设 计 时 间: 2015.10—2016.12

竣 工 时 间: 2017.12

获 奖 信 息: 二等奖

设 计 团 队: 金燕萍　周　毅　刘庭宓　肖玲玲　缪　艳
　　　　　　　刘　磊　赵　敏　潘洪洁　查　慧　刘建东
　　　　　　　糜彰健　奚　晨　毛统斌　周志斌　李叶芃

设计简介

项目整体呈现南低北高的格局,构造十字景观轴线,并充分利用东侧的河道景观资源,创造富有动感的空间和韵律变化,形成开放又有气势的城市空间界面。建筑空间与景观轴线相辅相成,丰富的景观语言和温暖的建筑材料使整个居住小区洋溢着人性化的关怀和绿色的生机。功能分区与总图构图完美结合,达到现实和理想的共融,在功能至上的基础上体现了美学的价值。

建筑形态以古典与现代风格结合为主,古典比例与现代细节的协调与碰撞使整个社区具备了古典与现代的双重审美效果,这种结合让人们在享受物质文明的同时得到了精神上的慰藉,同时为小区在众多的城市建筑群中树立了良好的建筑形象。各专业经过多次优化,造价控制较为经济。本小区的竣工给周边地区带来了更多的人气和活力。同时小区高尚的品质也给周边地区带来了良好的示范意义,给城市创造了一道靓丽的风景。

别墅区透视

别墅南立面

南京东郊小镇第九街区

Nanjing The Ninth Block Of East Suburb Town

设计单位：南京金宸建筑设计有限公司
建设地点：江苏南京
用地面积：166400m²
建筑面积：207500m²
设计时间：2015.05—2016.03
竣工时间：2017.10
获奖信息：二等奖
设计团队：丁 奂　俞 苹　赵 璐　韩 伟　葛 玲
　　　　　孙亚萍　顾晓星　曹洪涛　宋永吉　吕静静
　　　　　祝 劲　李乃超　蒋叶平　张阳辉　俞士军

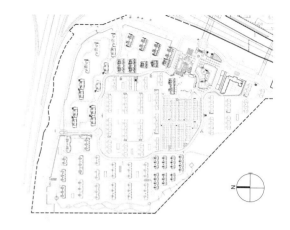

设计简介

建筑追求整体温馨雅致的建筑形象和组团空间感受。平面上垂直交通与设备管井集中布置，提升公共空间品质。户内合理的窗墙比和开窗方式使每户住宅都能获得良好的通风、采光。建筑材质主要以质感涂料、仿石涂料和干挂石材相结合。采用新古典主义建筑风格，整体观感力求大气稳重、清新淡雅、舒适和谐。建筑按横三段纵三段的整体比例进行划分，形成层次丰富主次分明的立面形式，营造出端庄典雅的建筑形象。小高层住宅一至二层采用仿石涂料，入口局部采用石材，标准层采用质感涂料。联排住宅整体采用仿石材。主体色彩采用暖色、米黄色系列，体现细腻的质感和高雅的建筑品质。

日景鸟瞰图

228

中央景观

住宅立面

住宅立面

住宅立面

立面图 1

立面图 2

江边路以西 3 号地（NO.2010G33）滨江项目 01-10 地块

Riverside Project Plot 01-10 of Block NO. 3, west of Jiangbian Road

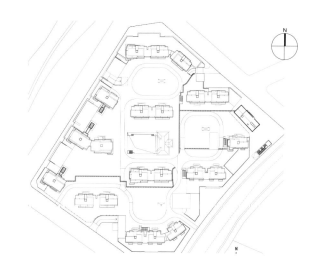

设 计 单 位：南京市建筑设计研究院有限责任公司
建 设 地 点：江苏南京
用 地 面 积：40392m²
建 筑 面 积：69423m²
设 计 时 间：2015.03—2016.04
竣 工 时 间：2017.11
获 奖 信 息：二等奖
设 计 团 队：薛　景　邹式汀　孙　艳　尤　优　韩　茜
　　　　　　施英骑　王　洁　李家佳　刘文捷　朱洪楚
　　　　　　周　娜　刘　捷　管　越　徐正宏　王文武

设计简介

项目位于南京市鼓楼区江边路以西。处于鼓楼滨江地区，临近南京长江大桥。整个用地有地形高差，西高东低。项目在贯彻国家、地方有关规范、标准和规定的前提下，希望以一个全新的概念创造一个别具一格的居住小区，在最大可能地为城市的生活做出积极贡献的同时，满足高档次、高品位的生活需求。以基地自身特质为出发点，使地块规划设计既满足业主的开发意向，又符合更高层次的规划要求，成为城市有机的组成部分。

沿街透视

大堂

内院

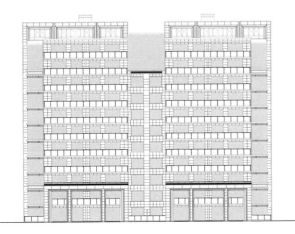

立面图 1

立面图 2

春江郦城 (NO.2015G23 地块项目)

Chunjiang Licheng(Plot No.2015G23 Project)

设计单位：南京长江都市建筑设计股份有限公司
建设地点：江苏南京
用地面积：47300m²
建筑面积：140100m²
设计时间：2015.10—2016.04
竣工时间：2017.10
获奖信息：二等奖
设计团队：徐劲松　刘　俊　朱建平　田小晶　宋建刚
　　　　　刘大伟　金　鑫　杜　磊　何学兵　谢　琼
　　　　　孙娅淋　刘　强　范玉华　杨承红　何玉龙

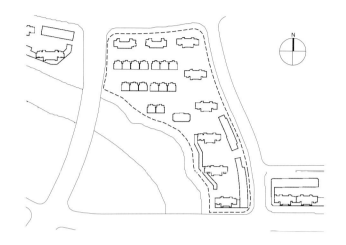

设计简介

项目在充分挖掘地块自身的景观条件基础上，将着眼点放在公共空间设计上，注重地块内建筑与建筑之间、地块周边建筑与城市道路及城市河道、城市公园之间的关系，从而解决建筑的形态和空间布局，并通过对住区整体天际线的把握，创造一个宜居、生态、复合功能的多元活动空间和具有特色的城市空间形象。

项目以人为本，充分利用了场地的地理特质，创造特有的景观和环境效果。基于基地的自然与区位特征，在审慎分析各项有利和制约条件下，最大化地利用景观资源，形成景观特色突出、舒适安静的城市型住区。从区域及城市角度出发，充分考虑城市天际线，强调居住环境的人性化，打造宜居社区。

沿河透视

沿河透视

小区内景

华新一品三期住宅小区
Huaxin Yipin Phase III Residential Community

设计单位：南通中房建筑设计研究院有限公司
建设地点：江苏南通
用地面积：147461m²
建筑面积：12592m²
设计时间：2013.03—2013.12
竣工时间：2016.06
获奖信息：二等奖
设计团队：陈 磊 缪 莉 马俊祥 孙昕宇 徐天琪
　　　　　张 琳 施 骐 余志华 景 成 周素新
　　　　　张崔花 张星星 王 赛 陈建胜 邵荣生

设计简介

项目在设计上保持中心景观的完整性和宽敞通透的效果，空间结构可以概括为"双核、双轴、一线、多节点"。充分利用各组团绿地、会所处小广场和中央绿地，通过丰富的植物景观布置，为住户建造一个环境优雅的度假式生活社区环境。规划设计突出"以人为本"，充分利用自然环境，注重与周边环境的协调，在材料设备的选用上坚持生态环保、绿色、节能的原则，营造舒适优美、可持续发展的人居环境。

小区主入口

住宅侧立面

住宅南立面

住宅北立面

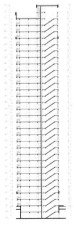

南立面图   北立面图   剖面图

燕回江南院（苏地 2016-WG-27 号地块项目）
Yanhui Jiangnan Yard（2016-WG-27 Plot Project）

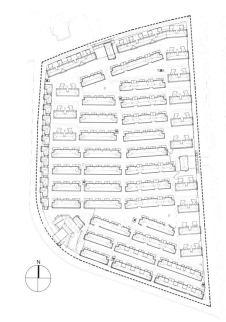

设计单位：苏州科技大学设计研究院有限公司
建设地点：江苏苏州
用地面积：58200m²
建筑面积：108700m²
设计时间：2016.10—2016.12
竣工时间：2018.04
获奖信息：二等奖
设计团队：陆晓华　殷　新　李青青　乐　冠　孙　舟
　　　　　陈　莉　张　皓　王　猛　丁　蕾　汤晓峰
　　　　　王　飞　王　慧　桂庆智　张晗晔　吴　迪

设计简介

项目贴临盛泽湖，设计以写意、自然作为出发点，别墅间通过多条景观横线来引导东西向的人流，富有韵味的景观节点以及别具一格的景观小品，使人更加适应环境而放松心态。基地内的景观动线结合周边的水域，营造轻松愉悦的居住环境，让生活更加写意和轻松。

会所入口

会所入口

小区局部

小区局部

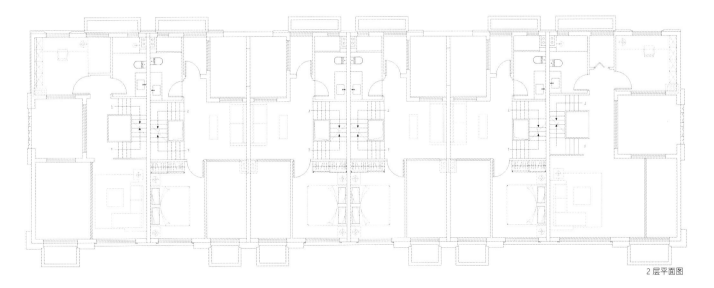
2 层平面图

2019

江苏·优秀建筑
设计选编

村镇建筑
Village Buildings

冯梦龙纪念馆工程

Memorial Design for Feng Menglong

设 计 单 位：启迪设计集团股份有限公司
建 设 地 点：江苏苏州
用 地 面 积：997.8m²
建 筑 面 积：394.1m²
设 计 时 间：2017.12—2018.01
竣 工 时 间：2018.03
获 奖 信 息：一等奖
设 计 团 队： 查仝荣　孟庆涛　吴树馨　李新胖　张筠之
　　　　　　　殷茹清　顾思港　杨 柯　张智俊　陆春华
　　　　　　　赵宏康　吴卫平　王春明　陈延强　张广仁

设计简介

项目位于苏州相城区黄埭镇冯梦龙村，是为纪念冯梦龙其人其事及其高尚品格而建的展示建筑。建筑总面积为394.1平方米，采用传统木结构形式，功能包括展示展览及管理办公。冯梦龙纪念馆的设计始终围绕其亲民质朴的作风，建筑选址安于村内一隅，以传统苏州民居为设计原点，采用冯梦龙出生时期明代的建筑特征，坚持建筑风格古朴淡雅，以彰显冯梦龙其人其品以及对其产生深远影响的吴地文化。近年来黄埭镇深入挖掘冯梦龙特色历史文化资源，精心塑造"梦龙清风"廉洁文化品牌，大力弘扬冯梦龙"为民、务实、清廉"的廉政文化精髓，并以此为核心进行了冯埂上特色田园乡村规划。

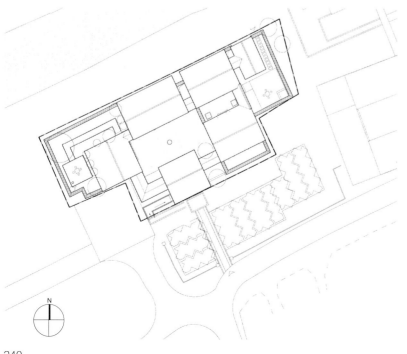

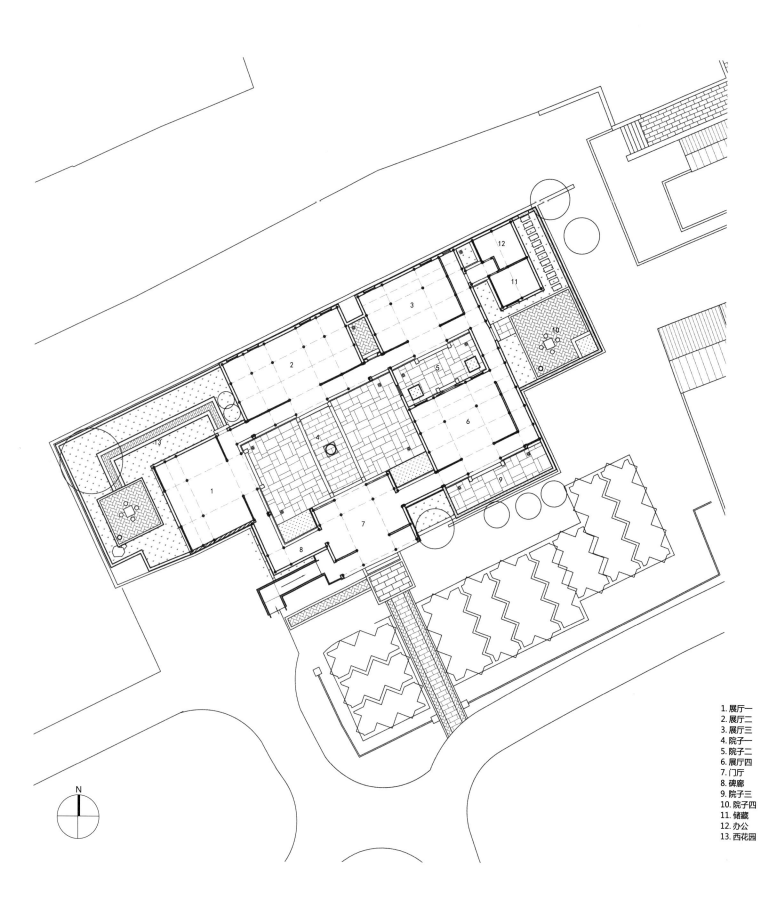

1. 展厅一
2. 展厅二
3. 展厅三
4. 院子一
5. 院子二
6. 展厅四
7. 门厅
8. 碑廊
9. 院子三
10. 院子四
11. 储藏
12. 办公
13. 西花园

N

纪念馆主入口

主庭院

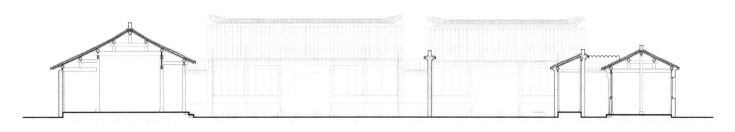

剖立面图

新建玉成小学项目

Yucheng Primary School

设计单位：苏州城发建筑设计院有限公司

建设地点：江苏苏州

用地面积：59892m²

建筑面积：48831m²

设计时间：2016.03—2016.05

竣工时间：2018.06

获奖信息：二等奖

设计团队： 夏　平　崔建阳　顾文翔　崔小头　尚延军

　　　　　 达　峰　季晨阳　季　泓　李清瑜　徐悦军

　　　　　 耿　娟　宋琳琳　强　斌　陈　宇　肖奉君

设计简介

项目旨在创建一座具有传统学院氛围且兼具历史感与时代感的校园。设计考虑新时代新型小学全面素质教育与地方传统文化教育的结合，力图塑造一个功能分区清晰合理、经济可行、环境优美的高品位校园。建筑造型力求新颖别致、明快清新，形成浓郁的文化气息。整体配色与周边街区建筑相协调，局部墙面与构架施以苏式传统建筑的粉面白色，提亮立面的同时提升建筑空间的时代感与灵动感。

校园入口

校园入口

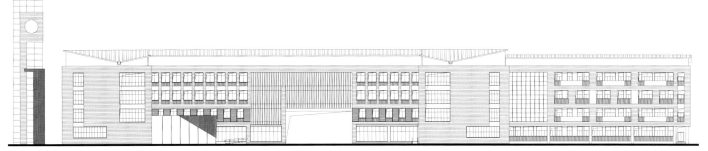

立面图 1

立面图 2

立面图 3

艺体楼

玉汝于成

汇航御园——宾馆酒店

Huihang Yuyuan Hotel

设计单位：苏州苏大建筑规划设计有限责任公司
建设地点：江苏苏州
用地面积：24128.8m²
建筑面积：30354.29m²
设计时间：2013.09—2015.12
竣工时间：2016.07
获奖信息：二等奖
设计团队：张洪明　胡　尉　桂　明　周晓宏
　　　　　韩　冬　刘　锐　孙中国　常亚建

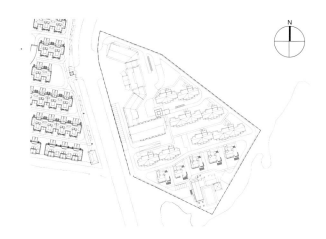

设计简介

项目充分利用穹窿山景区的优美环境，设1栋综合楼、9栋多层客房楼、1栋酒店配套楼及一个全地下人防汽车库。综合楼沿兵圣路布置，功能为酒店配套及标间，沿街层数为三层，以减少对兵圣路的压力；最南边临湖单独设置一栋小配套楼，层数为2层，南侧的5栋客房楼为3层，以北的4栋客房楼为6层，局部4层。建筑风格采用了"新汉风"的新中式风格，色彩上以灰白色为主调，另在檐口等重点部位使用红褐色点缀，使得整个建筑比传统中式建筑显得更为典雅和醒目，风格上也更为雅致和大气。

西南鸟瞰

入口透视图

客房楼透视图

配套楼透视图

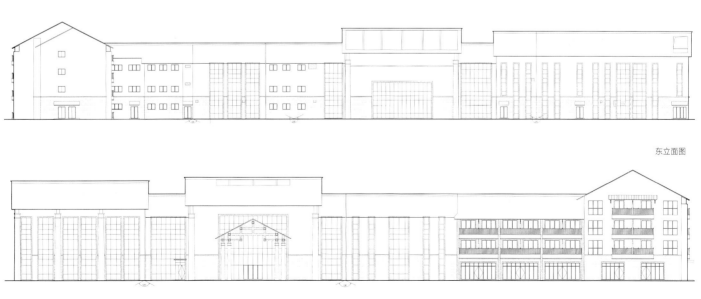

东立面图

西立面图

兴隆中学改扩建工程
Xinglong Middle School Reconstruction & Expansion Project

设 计 单 位：苏州安省建筑设计有限公司
建 设 地 点：江苏常熟
用 地 面 积：31486m²
建 筑 面 积：19790m²
设 计 时 间：2017.01—2017.03
竣 工 时 间：2018.06
获 奖 信 息：二等奖
设 计 团 队：许红伟　土颖埼　佚　青　韩　飞　徐志红
　　　　　　顾　文　赵子凡　周　立　李　强　顾进锋
　　　　　　熊　伟　顾　隽　顾静霞　方　燕　庞伟新

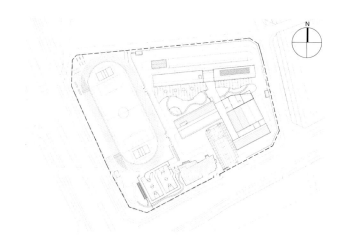

设计简介
项目建筑立面以简约风格为主调，强调建筑风格的整体性。普通教学楼、实验楼、行政楼、图书多功能厅都采用坡屋面形式，坡屋顶能够解决平屋顶常见的渗漏、排水等问题，从节能角度出发，坡屋顶的热工性能也比平屋顶更有优势。非机动车停车库上面设计了屋顶花园。校园内部注重步行视点人的尺度的处理，通过体量的穿插组合、精确细致的立面划分和比例推敲等营造丰富宜人的校园环境。

西南鸟瞰

东立面沿街

东侧入口

庭院景观

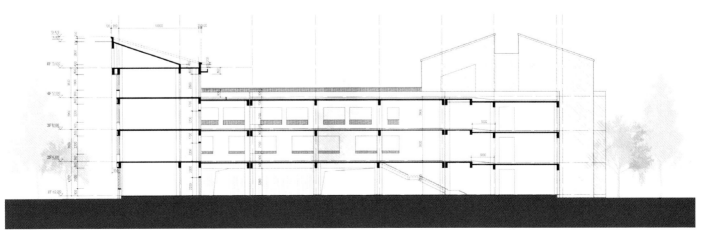

剖面图

2019

江苏·优秀建筑
设计选编

地下建筑
与人防工程

Underground
Buildings and
Civil Air Defense
Engineering

石湖景区上方山环境整治与景观提升工程（上方山石湖生态园）南区、北区项目——主入口配套工程地下停车库人防工程

Environmental Improvement & Landscape Upgrading Project of South Zone & North Zone, Shangfang Mountain, Shihu Ecological Park — Main Entrance Supporting Works & Underground Parking Garage Civil Air Defense

设 计 单 位：苏州市天地民防建筑设计研究院有限公司

建 设 地 点：江苏苏州

用 地 面 积：36348m²

建 筑 面 积：23974m²

设 计 时 间：2014.03—2014.08

竣 工 时 间：2016.01

获 奖 信 息：二等奖

设 计 团 队：张卫东　高　晨　徐云中　季　斐　范海江

　　　　　　林　炜　徐　栋　范方海　唐海明　戴　逸　沈　婷

设计简介

本工程为社会公共停车库，服务对象为参与各类集会、游园的社会车辆，车辆进出集中频繁。同时地库方案设计考虑预留改造复式汽车库条件，因此设计在满足任务书停车数量要求的前提下，适当地加大了轴网尺寸，地下车库行车道轴线尺寸为6.9米，停车位进深轴线尺寸为5.3米，开间轴线按8.1米考虑，形成以8.1x6.9、8.1x5.3的主要柱网，更利于行车通畅，便于各种档次车辆停放，满足日后机械车位安装尺寸的要求。本工程综合考虑周边区域战时人员掩蔽的需要，战时设3个二等人员掩蔽所和1个移动电站，人防建筑面积为6126平方米。

东南鸟瞰

地下停车库

人行出入口

车库出入口

防毒通道

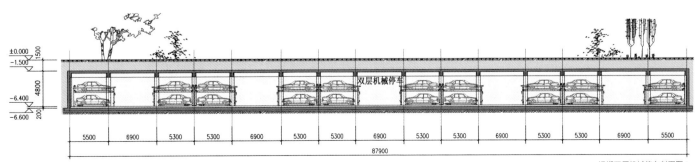

远期双层机械停车剖面图1

2019

江苏·优秀建筑
设计选编

装配式
建筑
Prefabricated
Buildings

丁家庄二期（含柳塘）地块保障性住房项目（奋斗路以南 A28 地块）

Dingjiazhuang Phase II A28 Plot Affordable Housing

设 计 单 位：南京长江都市建筑设计股份有限公司
建 设 地 点：江苏南京
用 地 面 积：22771.79m²
建 筑 面 积：94121.02m²
设 计 时 间：2014.03—2016.05
竣 工 时 间：2018.01
获 奖 信 息：一等奖
设 计 团 队：汪 杰　张 奕　吴敦军　李 宁　吴 磊
　　　　　　彭 婷　杨承红　周 健　许小俊　王流金
　　　　　　王海龙　陈乐琦　向 彬　何玉龙　孔远近

设计简介

设计通过跨地块内街模式，连接居住片区与丁家庄地铁站点，沿途创造步行化、社区化、多元化的城市配套服务洁界面，实现住商融合、资源节约、交通便捷、服务共享和人文体验五大方面"可感知"的公租房融合街区。

底层裙房设计重点打造五分钟生活圈，建筑通过引导广场、社区客厅、沙龙舞台、连桥渡廊及休憩岛等多节点，塑造丰富宜人的楼下漫步空间。裙房商业可就近创造一定的就业机会及工作条件，并提供技能培训空间，是社会公平、缩小贫富差距的重要体现。

本地块全 918 套公租房均采用唯一标准户型，标准化程度 100%。利用标准化户型模块实现小户型住宅、适老型住宅、创业式办公的多功能可变，满足建筑全生命周期需求。住区融合了商业、教育培训、居住、社区养老等社区功能，实现多种资源的共享和利用。

采用基于行为学的小空间布局进行装配式内装设计，集成厨房、卫浴设计等，达到 100% 全装修。

在造价可控的前提下，充分研究装配式外墙肌理，采用预制梯形阳台、预制三合一肌理山墙及 GRC 肌理外挂墙板的有机组合，形成流畅统一的视觉艺术效果。

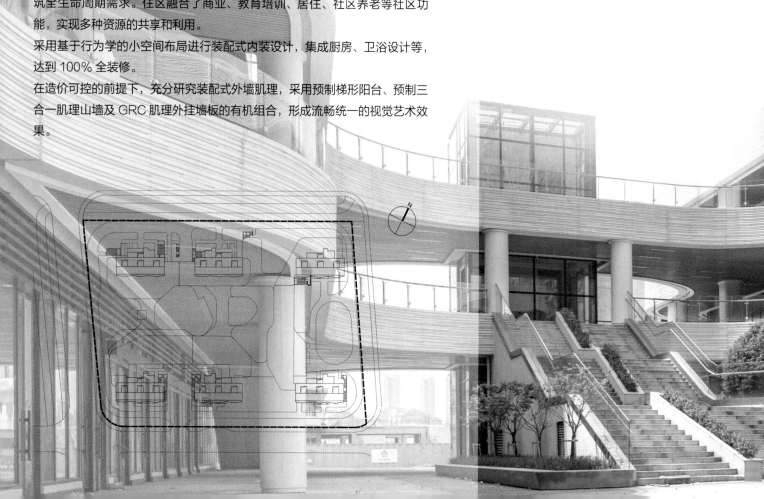

立体街区庭院

项目鸟瞰

立体街区

258

主楼预制三合一夹心保温肌理墙板

建筑肌理细节

立面转折造型 预制梯形阳台

商业裙房 GRC 预制肌理挂板

南京江宁经济技术开发区综保创业孵化基地

Nanjing Jiangning Economic & Technological Development Zone
Comprehensive Conservation Venture Incubator Bases

设计单位：江苏东方建筑设计有限公司
建设地点：江苏南京
用地面积：8093m²
建筑面积：35651m²
设计时间：2017.10—2018.07
竣工时间：2019.09
获奖信息：二等奖
设计团队：马哲帆　石剑莹　徐　标　孙　俊　谈技威
　　　　　黄国清　徐春荣　王　瑛　刘　幸　赵小燕

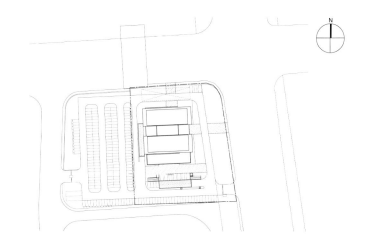

设计简介

项目在用地指标极为紧张的情况下，将复杂的功能需求解决在一个简洁的几何形体中。建筑造型采用富有竖向韵律的处理手法，南北立面以玻璃幕墙为主，东西侧以细密的干挂石材幕墙一分为三，打破沉闷，强调虚实对比，塑造高耸挺拔的形体效果，与城市景观呼应。该建筑为南京市首个装配整体式框架—现浇核心筒结构公建，其预制装配率达60%，同类型结构最高。

东南鸟瞰

立面细部

沿街人视

基地入口

建筑入口

一层平面图

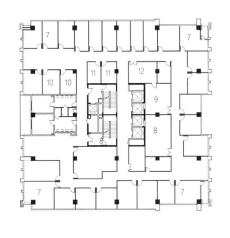

六层平面图

1. 门厅
2. 服务大厅
3. 服务窗口
4. 办公门厅
5. 消防控制室
6. 安保中心
7. 研发
8. 会议室
9. 视频室
10. 休息室
11. 更衣室
12. 机房

禄口中学易址新建（校安工程）项目

Relocation & Construction Project of LukouMiddle School (School Safety Project)

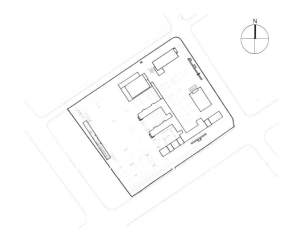

设 计 单 位：江苏龙腾工程设计股份有限公司

建 设 地 点：江苏南京

用 地 面 积：52214.3m²

建 筑 面 积：22583.2m²

设 计 时 间：2015.04—2016.08

竣 工 时 间：2018.04

获 奖 信 息：二等奖

设 计 团 队： 曲国华　潘　龙　方　明　屈俊峰　刘春燕

　　　　　　李　澄　何其刚　宗　媛　王　伟　王志刚

　　　　　　陆亚珍　袁华安　张媛媛　沈勇林　贾赛敏

设计简介

项目位于南京市禄口街道，总用地面积52214平方米，总建筑面积约22500平方米，容积率0.43，建筑密度14.1%，绿地率36.5%。设计全过程中践行"设计、加工、装配"一体化和"建筑、结构、机电、内装"一体化的理念。设计过程重点关注模数的优化，用少量的几种模具就对全部节点进行了多样化的处理，实现了节点的标准化。将教室做为模块单元，提高预制构件的重复利用率。

实验楼

泊永欣大道日景图

成教楼

学校东侧大门

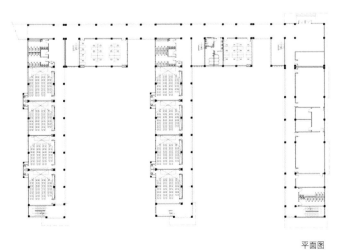

平面图

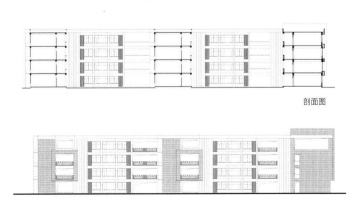

剖面图

立面图

2019
江苏·优秀建筑
设计选编

附 录
（获奖项目索引）
APPENDIX

公共建筑——一等奖（28项）

江广智慧城 C、F、K 地块研发办公楼
东南大学建筑设计研究院有限公司

南京涵碧楼酒店综合开发项目
南京市建筑设计研究院有限责任公司
合作单位：新加坡 SCDA 建筑设计公司

杭州师范大学附属湖州鹤和小学
苏州九城都市建筑设计有限公司
合作单位：东南大学建筑学院

东太湖防汛物资仓库工程
启迪设计集团股份有限公司

深圳市清真寺
东南大学建筑设计研究院有限公司

苏州丰隆城市中心项目
启迪设计集团股份有限公司
合作单位：凯达环球建筑设计咨询（北京）有限公司

淮安新城附属幼儿园、小学及初级中学
苏州九城都市建筑设计有限公司

南京河西新城区南部小学（4#）
南京金宸建筑设计有限公司

景枫中心（凤凰港项目商业综合体）
南京金宸建筑设计有限公司

南京大学仙林国际化校区学术交流中心
南京大学建筑规划设计研究院有限公司

苏州高新区实验初级中学东校区扩建工程
启迪设计集团股份有限公司

金融小镇项目
中衡设计集团股份有限公司

南京外国语学校方山分校项目
南京城镇建筑设计咨询有限公司

镇江苏宁广场
江苏省建筑设计研究院有限公司

金雁湖社区服务中心工程
南京金宸建筑设计有限公司
合作单位：彼爱游建筑城市设计咨询（上海）有限公司

滨江新城休闲水街
江苏中锐华东建筑设计研究院有限公司

建屋广场 C 座
启迪设计集团股份有限公司

苏州工业园区唯康路幼儿园项目
中衡设计集团股份有限公司

徐州回龙窝历史街区整体项目
中衡设计集团股份有限公司

南京市麒麟科技创新园麒麟小学及附属幼儿园
南京大学建筑规划设计研究院有限公司

上海北外滩苏宁广场
（上海北苏州路 190 号综合项目）
南京长江都市建筑设计股份有限公司

桥北文化中心
东南大学建筑设计研究院有限公司

江苏省苏州实验中学科技城校
启迪设计集团股份有限公司

博世汽车部件（苏州）有限公司
S208 研发办公大楼扩建项目
中衡设计集团股份有限公司

宣城市第二中学扩建工程
东南大学建筑设计研究院有限公司

苏州系统医学研究所新建项目（一期）
启迪设计集团股份有限公司

南京金融城地块项目
东南大学建筑设计研究院有限公司
合作单位：德国 GMP 国际建筑设计有限公司

南通市崇川区教育体育局
——新建新区学校工程
南通市建筑设计研究院有限公司
合作单位：上海东方建筑设计研究院有限公司

太湖新城西侧校区信成小学
无锡市建筑设计研究院有限责任公司
合作单位：上海优联加建筑规划设计有限公司

太湖新城东侧校区和畅小学
无锡市建筑设计研究院有限责任公司
合作单位：上海优联加建筑规划设计有限公司

苏州科技城第二实验小学
启迪设计集团股份有限公司
合作单位：南京张雷建筑事务所有限公司

聚思园
苏州华造建筑设计有限公司
合作单位：李玮珉建筑设计咨询（上海）有限公司、
上海日清建筑设计有限公司

NO.2007G29 地块项目
（南京湖北路吾悦广场）
南京市建筑设计研究院有限责任公司

沭阳脑科医院
江苏美城建筑规划设计院有限公司

麒麟人工智能产业园首期启动区 A 区
江苏省建筑设计研究院有限公司

如东一职高体育馆
南京大学建筑规划设计研究院有限公司

南京大学仙林国际化校区第二食堂
南京大学建筑规划设计研究院有限公司

金陵中学河西分校小学部项目
南京大学建筑规划设计研究院有限公司

南京大学仙林国际化校区
生命科学院教学楼（一期）
南京大学建筑规划设计研究院有限公司

溧水区市民中心项目设计
南京柏海建筑设计有限公司

证大 NO.2010G32　　09-09 地块
江苏省建筑设计研究院有限公司
合作单位：上海阿科米星建筑设计有限公司

宝应县生态体育休闲公园
江苏省建筑设计研究院有限公司

南京绿博园环境提升工程
——地铁上盖物业
江苏省城市规划设计研究院

江苏绿建大厦
南京长江都市建筑设计股份有限公司

南京河西海峡城初级中学
东南大学建筑设计研究院有限公司

张家港华夏科技园一期
中衡设计集团股份有限公司

康力电梯试验塔
中衡设计集团股份有限公司

宝龙金轮广场项目
江苏筑森建筑设计有限公司

扬州戏曲园（艺校改扩建）工程
江苏筑森建筑设计有限公司

泰州五巷街区
江苏现代建筑设计有限公司

安徽科技学院产学研人才培养基地
东南大学建筑设计研究院有限公司

金湖县城南新区
九年一贯制学校及附属幼儿园
江苏省建筑设计研究院有限公司

南部体育公园
扬州市建筑设计研究院有限公司

南京市妇女儿童保健中心大楼
南京市建筑设计研究院有限责任公司

新世界文化城美食街区
连云港市建筑设计研究院有限责任公司

泰州市第一外国语学校
东南大学建筑设计研究院有限公司

常州市妇幼保健院、
常州市第一人民医院钟楼院区项目
常州市市政工程设计研究院有限公司

南京市浦口区市民中心
江苏省建筑设计研究院有限公司

盐城高新区智能终端产业园总部研发区
江苏铭城建筑设计院有限公司
合作单位：深圳市汇宇建筑工程设计有限公司

常州港华燃气调度服务中心
东南大学建筑设计研究院有限公司

常州科技金融中心
江苏筑森建筑设计有限公司
合作单位：沪宁钢机、株式会社 久米设计

盐城南洋机场 T2 航站楼及配套工程
华东建筑设计研究院有限公司

江苏出入境检验检疫综合技术实验用房
中衡设计集团股份有限公司
合作单位：澳大利亚 J.P.W 建筑事务所

江苏舜天国际集团研发中心二期工程
东南大学建筑设计研究院有限公司

仙鹤门小学整体建设工程
江苏省建筑设计研究院有限公司

公共建筑——三等奖（70 项）

江阴元林康复医院
江苏中锐华东建筑设计研究院有限公司
合作单位：江苏新思维设计工程有限公司

无锡村田电子有限公司厂房扩建工程项目
信息产业电子第十一设计研究院科技工程股份有限公司
华东分院（无锡）

晨风（昆山）国际商务中心有限公司
商务办公楼
无锡轻大建筑设计研究院有限公司

无锡市金海里小学易地新建项目
无锡轻大建筑设计研究院有限公司

中国移动江苏公司无锡分公司生产调度中心
同济大学建筑设计研究院（集团）有限公司

无锡太湖新城国际学校
江苏合筑建筑设计股份有限公司

江苏振江新能源办公楼
江苏中锐华东建筑设计研究院有限公司

NO.2013G26 地块（九霄商业广场）
南京金宸建筑设计有限公司

物联网技术服务大楼
浙江大学建筑设计研究院有限公司

苏地 2015-G-15 号地块 (湖山樾苑)-91 号楼
苏州华造建筑设计有限公司

稻谷国际中心
（步步高吴江总部基地
扩初及施工图设计项目）
中衡设计集团股份有限公司
合作单位：合院建筑设计咨询（上海）有限公司

南大科学园新兴产业孵化基地重点实验室
南京城镇建筑设计咨询有限公司

洪庄机械厂 HX-020702 地块 -S-3 号楼
（龙湖·常州　龙城天街）
江苏筑森建筑设计有限公司

扬州万达广场
江苏筑森建筑设计有限公司

扬州新城吾悦广场商业
江苏筑森建筑设计有限公司

徐州医学院附属医院东院项目
徐州市建筑设计研究院有限责任公司
合作单位：深圳市建筑设计研究总院有限公司

共享型生产实训基地
徐州市建筑设计研究院有限责任公司

泰州市中心血站和泰州市急救中心
扬州市建筑设计研究院有限公司

苏州太湖国家旅游度假区
配套渔洋山酒店项目
启迪设计集团股份有限公司
合作单位：意境（上海）建筑设计有限公司

南溪江商务中心
启迪设计集团股份有限公司

通园路停保场项目（DK20120056 地块）
启迪设计集团股份有限公司

津西博远苏州（津西新天地）
启迪设计集团股份有限公司

苏地 2013-G-87 南地块（苏州阳光城翡丽湾）
启迪设计集团股份有限公司
合作单位：上海承构建筑设计咨询有限公司

孟河实验小学及孟河幼儿园
常州市规划设计院

茗馨花园二期综合楼 2 号楼
连云港市建筑设计研究院有限责任公司

扬州市明月幼儿园新校区
（肖庄路校区）建设工程
扬州市建筑设计研究院有限公司

高邮软件产业园智慧大厦
扬州市建筑设计研究院有限公司

宁淮服务区 1# 地块
南京长江都市建筑设计股份有限公司

江苏东渡纺织集团车间
张家港市建筑设计研究院有限责任公司

伊宁市旅游服务中心建设项目综合楼
江苏省建筑设计研究院有限公司

花文化艺术展示馆
扬州市建筑设计研究院有限公司

仪征宝能城市广场
商业综合体工程项目 8# 工程
江苏中珩建筑设计研究院有限公司

铭城生活广场
苏州土木文化中城建筑设计有限公司

南通万科翡翠东第生活馆
南京长江都市建筑设计股份有限公司

沛县歌风小学扩建工程
徐州中国矿业大学建筑设计咨询研究院有限公司

江苏医药职业学院综合实训中心
盐城市建筑设计研究院有限公司

北京师范大学盐城附属学校幼儿园、小学部
江苏铭城建筑设计院有限公司
合作单位：北京市建筑设计研究院有限公司

盐城高新技术产业开发区科技广场
（市民广场）项目
上海联创设计集团股份有限公司
合作单位：苏州金螳螂建筑装饰股份有限公司

宿迁市技工学校工业机器人应用与维护
实训基地（淮海技师学院机器人实训基地
设计项目）
徐州中国矿业大学建筑设计咨询研究院有限公司

交通银行金融服务中心（扬州）一期工程
同济大学建筑设计研究院（集团）有限公司

月城科技广场
江苏扬建集团有限公司

仁丰里综合整治提升工程
扬州市建筑设计研究院有限公司

滨河新城邻里中心
淮安市拓思达建筑设计院有限公司

兴化市紫荆河小学建设项目
东南大学建筑设计研究院有限公司

南京外国语学校淮安分校
淮安市建筑设计研究院有限公司
合作单位：东南大学建筑设计研究院有限公司

淮安黄河假日大酒店
淮安市建筑设计研究院有限公司

梦 CAR 小镇商业配套项目
江苏现代建筑设计有限公司

无锡市泰山路小学新建工程
无锡市建筑设计研究院有限责任公司

澄地 2013-C-43 号地块商品房项目
(敔山美嘉城)
江苏中锐华东建筑设计研究院有限公司

江阴市全民健身综合馆项目
江苏中锐华东建筑设计研究院有限公司

俊杰科创大厦
南京金宸建筑设计有限公司

斜塘老街四期 (L 区——雅致·湖沁阁)
启迪设计集团股份有限公司

昆山虹祺路商业街
启迪设计集团股份有限公司
合作单位：美国优联加（中国）建筑事务所

白下研发楼项目
南京市建筑设计研究院有限责任公司

泗阳县城北小学 1#~4# 教学楼
江苏政泰建筑设计有限公司

安徽楚江新材料研究院工程——2# 楼
南通勘察设计有限公司
合作单位：苏州瓦设建筑设计有限责任公司

常州市新桥高级中学
江苏华源建筑设计研究院股份有限公司

生产检测实验 3 号楼
东南大学建筑设计研究院有限公司

徐州龟山民间博物馆 B3 区
徐州中国矿业大学建筑设计咨询研究院有限公司

东台市第一小学本部新校区
改造建设工程
江苏铭城建筑设计院有限公司

溧水区人力资源市场
东南大学建筑设计研究院有限公司

徐州新城区 C6 地块
美的翰城商业综合楼
厚石建筑设计（上海）有限公司

淮安开放大学
盐城市建筑设计研究院有限公司
合作单位：上海向素建筑规划设计事务所

徐州市新城区彭祖大道小学
江苏华晟建筑设计有限公司

中国医药城五期标准厂房项目
江苏省方圆建筑设计研究有限公司

淮安市淮阴区渔沟中心卫生院
新建医养融合服务中心及附属急诊中心
江苏美城建筑规划设计院有限公司

泰州数据产业园综合楼三期
江苏扬建集团有限公司
合作单位：苏州科技学院时匡空间设计研究所

常熟瑞特电气股份有限公司
新建研发中心项目
苏州安省建筑设计有限公司

徐州市公安局监管中心（四所合一）
江苏原土建筑设计有限公司

扬中公馆 9 号楼
江苏中森建筑设计有限公司

城镇住宅和住宅小区——一等奖（2项）

丁家庄二期（含柳塘）地块
保障性住房项目（奋斗路以南 A28 地块）
南京长江都市建筑设计股份有限公司

徐州雨润太阳城慈善山庄
徐州市建筑设计研究院有限责任公司

城镇住宅和住宅小区——二等奖（21项）

金匮里 1A#1B# 地块
无锡市建筑设计研究院有限责任公司
合作单位：Pelli Clarke Pelli Architects；B+H Architects

江阴虹桥碧桂园
江苏中锐华东建筑设计研究院有限公司

苏地 2016-WG-65 号地块项目（一期）
——万科大象山舍
启迪设计集团股份有限公司

淀湖·北岸
苏州华造建筑设计有限公司

高科荣境品苑 A2 地块二期
南京金宸建筑设计有限公司

原山雅居 2.1-2.3 期建设工程项目
江苏筑森建筑设计有限公司

江苏旷达太湖国际颐养庄园一期
江苏筑原建筑设计有限公司

中海凤凰熙岸三期
江苏筑森建筑设计有限公司

南京保利天悦
南京长江都市建筑设计股份有限公司

南京鲁能 7 号院
南京长江都市建筑设计股份有限公司

南通万科大都会花园
南京长江都市建筑设计股份有限公司

唯观路 88 号（万科·大家）
苏州科技大学设计研究院有限公司

月亮湾度假山庄（一期工程）
江苏华海建筑设计有限公司

南京吉庆房地产有限公司
NO.2008G18-2 地块项目
南京中艺建筑设计院股份有限公司

苏地 2014-G-25(1) 号地块
江苏博森建筑设计有限公司

景瑞·御府
江苏筑森建筑设计有限公司

南京东郊小镇第九街区
南京金宸建筑设计有限公司

江边路以西 3 号地（NO.2010G33）
滨江项目 01-10 地块
南京市建筑设计研究院有限责任公司

春江郦城 (NO.2015G23 地块项目）
南京长江都市建筑设计股份有限公司

华新一品三期住宅小区
南通中房建筑设计研究院有限公司

燕回江南院（苏地 2016-WG-27 号地块项目）
苏州科技大学设计研究院有限公司

城镇住宅和住宅小区——三等奖（26 项）

DK20150052 号地块项目——海亮唐宁府
启迪设计集团股份有限公司

苏地 2015-G-15 号地块（湖山樾苑）二期
苏州华造建筑设计有限公司

湖光山色
南京金宸建筑设计有限公司

N0.2015G10 地块
南京市建筑设计研究院有限责任公司

万科魅力之城二街区（F 地块）房地产开发
项目
南京市建筑设计研究院有限责任公司

金科甪直项目（苏地 2015-WG-3 号）
苏州华造建筑设计有限公司

南京银城君颐东方（NO.2014G97）项目
南京长江都市建筑设计股份有限公司
合作单位：上海栖城建筑规划设计有限公司

保利双龙大道东侧（2013G48）1#~12# 楼
江苏省建筑设计研究院有限公司

NO.2015G43(悦山名邸）
南京大学建筑规划设计研究院有限公司

港馨花园小区
连云港市建筑设计研究院有限责任公司

苏地 2010-B-33 号地块项目
启迪设计集团股份有限公司
合作单位：苏州园林设计院有限公司

苏地 2015-WG-19 号地块北区
（仁恒·公园世纪）
苏州城发建筑设计院有限公司

中房·颐园
中铁华铁工程设计集团有限公司

凤凰国际城住宅小区二期
连云港市建筑设计研究院有限责任公司
合作单位：上海栖城建筑规划设计有限公司

金坛吾悦广场
江苏筑原建筑设计有限公司

九里兰亭（一期）
苏州市建筑工程设计院有限公司

淮安市颐和花园小区一期
淮安市东方建筑设计有限公司

水漾花城（苏州市相城区
D&F 地块开发项目 F1&F2 地块）
中衡设计集团股份有限公司

翔宇海棠广场
江苏省子午建筑设计有限公司

新龙 C 地块（牡丹国际水岸）
江苏筑森建筑设计有限公司

康盛水月周庄 4.1 期
苏州华造建筑设计有限公司

正荣润锦城
南京长江都市建筑设计股份有限公司

2012-63 号地块 A、B、C、D 地块
嘉旭苑住宅小区
江苏久鼎嘉和工程设计咨询有限公司

月城熙庭
江苏扬建集团有限公司

XDG-2011-45 号地块澜岸铭邸
江苏天奇工程设计研究院有限公司

沛县爱伦堡住宅小区
徐州市城乡建筑设计研究院有限责任公司

村镇建筑——一等奖（1项）

冯梦龙纪念馆工程
启迪设计集团股份有限公司

村镇建筑——二等奖（4项）

新建玉成小学项目
苏州城发建筑设计院有限公司

泰州市唐堡村村民公社
上海建筑设计研究院有限公司

汇航御园——宾馆酒店
苏州苏大建筑规划设计有限责任公司

兴隆中学改扩建工程
苏州安省建筑设计有限公司

村镇建筑——三等奖（8项）

金土木大厦
江苏金土木建设集团有限公司

汉河第二小学
南京长江都市建筑设计股份有限公司

支塘镇中心卫生院迁建工程
苏州安省建筑设计有限公司

东南街道老年服务中心
（老年人社会福利设施）
苏州安省建筑设计有限公司

晶桥云鹤山村综合服务中心

启迪设计集团股份有限公司
合作单位：苏州大学金螳螂建筑学院

虞山镇白龙江安置房二期
（龙蟠佳苑）

苏州安省建筑设计有限公司

碧溪中心小学改扩建工程

苏州安省建筑设计有限公司

高邮湖西新区（送桥镇）中心幼儿园

高邮市建筑设计院

地下建筑与人防工程——一等奖（空缺）

地下建筑与人防工程——二等奖（1项）

石湖景区上方山环境整治与景观提升工程
（上方山石湖生态园）南区、北区项目
——主入口配套工程地下停车库人防工程

苏州市天地民防建筑设计研究院有限公司

地下建筑与人防工程——三等奖（4项）

绿地世纪城五期防空地下室

江苏省第二建筑设计研究院有限责任公司

南京丰盛商汇C地块

南京市建筑设计研究院有限责任公司
合作单位：南京市金海设计工程有限公司

CR11087地块（学士府商办楼）
防空地下室

南通市规划设计院有限公司

泰山路以东、龙城大道以北
（JXB20130303-01）地块人防地下室

江苏浩森建筑设计有限公司
合作单位：江苏筑原建筑设计有限公司

装配式建筑——一等奖（1项）

丁家庄二期（含柳塘）地块
保障性住房项目（奋斗路以南 A28 地块）
南京长江都市建筑设计股份有限公司

装配式建筑——二等奖（2项）

南京江宁经济技术开发区综保创业孵化基地
江苏东方建筑设计有限公司

禄口中学易址新建（校安工程）项目
江苏龙腾工程设计股份有限公司

装配式建筑——三等奖（1项）

泗阳双语实验学校校园提升改造项目一期
5#（实验楼）
江苏政泰建筑设计有限公司

"建筑是世界的年鉴，当歌曲和传说已经缄默，它依旧还在诉说。"建筑，不仅是历史的记录者，也是时代的发声人，更是一个城市文化和情感记忆的载体。

为强化优秀设计的展示和交流，鼓励和引导设计师创新创优，繁荣设计创作，提升设计水平，创建精品工程，江苏省住房和城乡建设厅组织编制《江苏·优秀建筑设计选编 2019》，收录了全省年度优秀建筑设计获奖作品，以图文并茂的方式进行深度解读，希望为未来的建筑设计提供有益参考。

在编撰本书的过程中，东南大学建筑设计研究院做了大量基础性工作，相关设计单位提供了丰富的基础素材，在此一并表示感谢。限于篇幅，本书中所收录的建筑，仅呈现了江苏 2019 年优秀建筑设计获奖作品；限于时间，编写提炼等方面挂一漏万，敬请广大读者批评指正。我们将在吸收意见建议的基础上，按年度推出《江苏·优秀建筑设计选编》系列作品集，以期引发业内外人士对新时代建筑创作的广泛关注、深入思考和创新实践。